国家重点研发计划"国家水资源承载力评价与战略配置"
国家自然科学基金项目"水资源供需动态响应机制与模拟方法研究"
中国水利水电科学研究院创新团队项目"社会水循环驱动机理与效率调控"

水资源通用配置与模拟软件GWAS 使用手册与实例教程

桑学锋　赵　勇　翟正丽　何　凡　周祖昊　著

电子工业出版社
Publishing House of Electronics Industry
北京·BEIJING

内 容 简 介

水资源通用配置与模拟软件 GWAS（General Water Allocation and Simulation Software），可以实现对区域/流域水资源、水量、水质的模拟、评价，以及水资源配置、报表输出等功能，使用户能够较快速、全面地评价研究区域水资源状况，便于水资源管理人员根据区域实际情况对水资源配置进行动态修正。GWAS 实现了水资源评价与水资源配置的无缝结合，既能分析二元水循环通量变化及合理调控阈值，又能为区域水资源高效管理和优化配置提供决策支持，从而为有关研究人员和水资源决策管理者提供平台工具。

本书既可以作为水文水资源技术人员、规划与管理人员及广大水利工作者的学习参考书，又可以作为高等院校水利类相关专业的教学参考书。

未经许可，不得以任何方式复制或抄袭本书之部分或全部内容。
版权所有，侵权必究。

图书在版编目（CIP）数据

水资源通用配置与模拟软件 GWAS 使用手册与实例教程 / 桑学锋等著. —北京：电子工业出版社，2019.8
ISBN 978-7-121-36914-8

Ⅰ. ①水… Ⅱ. ①桑… Ⅲ. ①水资源管理－应用软件－手册 Ⅳ. ①TV213.4-39

中国版本图书馆 CIP 数据核字（2019）第 122365 号

责任编辑：李　敏
印　　刷：涿州市般润文化传播有限公司
装　　订：涿州市般润文化传播有限公司
出版发行：电子工业出版社
　　　　　北京市海淀区万寿路 173 信箱　　邮编：100036
开　　本：787×1 092　1/16　印张：11.25　字数：288 千字
版　　次：2019 年 8 月第 1 版
印　　次：2022 年 4 月第 2 次印刷
定　　价：99.80 元

凡所购买电子工业出版社图书有缺损问题，请向购买书店调换。若书店售缺，请与本社发行部联系，联系及邮购电话：（010）88254888，88258888。
质量投诉请发邮件至 zlts@phei.com.cn，盗版侵权举报请发邮件至 dbqq@phei.com.cn。
本书咨询联系方式：limin@phei.com.cn 或（010）88254753。

序
PREFACE

　　水资源配置是水循环调控科学研究的重要内容，也是水资源规划与管理实践相结合的关键环节。2013年联合国教科文组织（UNESCO）明确将"促进水资源的治理、规划、管理、分配和高效利用"作为今后10年国际水文计划（IHP-VIII）的第三大战略计划之一。2018年美国国家科学院发布了名为《美国未来水资源科学优先研究方向》的报告，确定了美国未来25年内水资源科学面临的挑战。该报告认为，开发集成建模和量化社会水资源系统的变化是最重要的发展方向，模型是综合各种观测数据、理解复杂的交互作用及重建过去、预测未来系统发展轨迹的重要工具，了解人类活动如何影响水资源对管理水资源至关重要。综合来看，人类活动影响下的区域/流域水资源模拟、调控及适配性分析已成为国内外研究的热点。

　　从人类活动对水资源影响的强度来看，我国华北、东部沿海等地区具有典型性和代表性。在区域水多、水少、水脏、水浑等特点下，水资源、经济社会、生态环境之间的协同调控更加困难。中国水利水电科学研究院在水资源配置理论与方法领域研究方面取得了丰硕的成果，三次平衡配置方法、面向生态的水资源配置、广义水资源配置等理论方法在生产实践中得到了验证和推广应用。很高兴看到以水资源配置专业模型为核心研发的水资源通用配置与模拟软件GWAS面世。该软件在固化水资源配置理论与方法成果的同时，耦合GIS、数据库信息技术，模型功能更加符合我国经济、社会高强度扰动下水资源调控特点，也符合我国水资源流域管理与行政管理相结合的要求。同时，GWAS建模过程简明易懂，可以满足水资源历史重建和未来情景方案模拟比选等要求。

GWAS 具有自然与社会水资源循环模拟和调控功能，表明了该模型在自然—社会二元水循环模拟与互馈分析方面具有优势，因而可以将水资源评价和水资源配置完全融合在一起。这对于水资源精细化规划和管理具有更好的提升作用，特别是对于中国开展水生态文明建设和最严格水资源管理制度的落实具有很好的参考价值。希望本书能为水资源规划和管理相关的广大科技工作者、工程技术与管理人员及相关高校师生提供借鉴。

中国工程院院士
2019 年 5 月

前 言
FOREWORD

水资源科学调控可以起到自然水循环和社会取用耗排水循环两大系统平衡的桥梁作用，而水资源模拟与配置模型是支撑水资源科学调控的核心方法之一。水资源模拟与配置一方面强调遵循自然规律，通过人的行为自我约束，维护好水的生态与环境基本属性；另一方面强调遵循经济规律，通过合理调控利用，保障好水的经济与社会服务功能，从而在陆面水循环系统的各环节和水资源开发利用的各领域实现人与自然和谐。水资源模拟与配置不同于一般的水资源开发利用，其利益主体众多、结构规模庞大、径流过程与用排水联动明显，涉及因素相互关联，关系错综复杂，因此开展区域水资源模拟与配置，是一个大系统多层次嵌套耦合、双向协调、动态调控的复杂问题。

为科学解决上述问题，要从水资源系统的供需双侧及两者间的互馈联动出发，因此迫切需要厘清以下两个重要环节。

（1）如何开展区域经济、社会发展用水系统与径流变化的相互作用研究，揭示水资源系统供需动态响应机制。也就是说，在科学分析河川径流变化的基础上，考虑取用水波动及退排水的当前变化对下游单元或下一阶段水资源利用的动态影响，研究河川径流的响应变化关系，实现水资源的动态利用，更精准地定量分析人类活动强度对径流变化的影响。

（2）如何构建区域水资源动态模拟与调控模型，实现"径流—供水—用水—排水"的联动模拟与合理调控。也就是说，针对水资源系统的复杂性、动态性、联动性，综合集成建立水资源系统循环动态模拟模型及供需双向调控模型，研究水资源动态模拟与调控模型，分析区域不同供水工程、用水主体及其径流过程变化响应，联动模拟供用水过程对区域径流的动态响应和作用关系，科学编制区域复杂水系统开发利用调控方案。

以二元水循环理论为基础，以中国水利水电科学研究院水资源研究所近20年水资源配置方法和实践经验为依托，作者团队研发了"水资源动态调配与模拟模型"（Water Allocation and Simulation Model，WAS 模型）。WAS 模型由产汇流模拟模块、再生水模拟模块、水质模拟模块和水资源调配模块 4 部分组成。其中，产汇流模拟模块、再生水模拟模块共同组成自然—社会水循环的基础，用于定量计算区域水资源量并对其组成进行分析；水质模拟模块模拟主要污染物迁移转化，用来定量河流、湖库的污染物水质变化，为水资源调配提供水质边界；水资源调配模块主要进行水资源供需平衡、分质供水计算，用来实现水资源的发散均衡，并反馈到几个水循环模拟过程。

为扩大 WAS 模型的实用性、可操作性，作者团队研发了 WAS 模型的应用操作软件"水资源通用配置与模拟软件"（General Water Allocation and Simulation Software，GWAS 软件）。GWAS 软件以 WAS 模型为核心，集成开源 QGIS、嵌入式 SQLite 仓库技术开发而成，具有水资源系统单元自动划分、模型调参校验方法与实践应用、软件产品图形报表与标准报告定制等一体化、全链条、可视化架构流程，实现了水资源评价与水资源配置无缝结合，既能分析二元水循环通量变化并合理调控阈值，又能为区域水资源的高效管理提供决策支持，为相关研究人员和水资源决策管理者提供平台工具。

本书分 6 章，第 1 章关于软件，介绍 GWAS 软件的研发意义和研发功能特点；第 2 章获取与安装，介绍 GWAS 软件获取下载方式及安装步骤；第 3 章数据库说明，介绍 GWAS 软件数据库结构，以及所用到的文件类型及特点；第 4 章功能模块，介绍 GWAS 软件各窗口的功能模块，并对安装建模流程进行了详细说明；第 5 章应用实例，根据 GWAS 软件自带的实例数据，介绍 GWAS 软件建模过程；第 6 章案例应用讨论与分析，描述了 WAS 模型在案例应用中的效果及性能。

本书得到了国家重点研发计划"国家水资源承载力评价与战略配置"（2016YFC-0401300）、国家自然科学基金项目"水资源供需动态响应机制与模拟方法研究"（51679253）、中国水利水电科学研究院创新团队项目"社会水循环驱动机理与效率调控"（WR01-45B622017）等的支持，在此一并表示感谢！

在本书成书过程中，王浩院士、刘昌明院士、夏军院士、王建华教授、严登华教授级高工、蔡喜明教授、裴源生教授级高工、王忠静教授、徐宗学教授、董增川教授、左其亭教授、赵建世教授、顾世祥教授级高工等专家提供了大量技术指导，本书的出版得到了电子工业出版社的大力支持，谨在此一并表示感谢！

受时间和水平的局限，书中难免有挂一漏万和错误背谬之处，敬请广大读者批评指正。

作 者

2019 年 6 月 18 日

目 录

第 1 章 关于软件 ··· 1
   1.1 软件研发意义 ·· 1
   1.2 WAS 模型特点 ·· 1
   1.3 GWAS 软件特点 ·· 2

第 2 章 获取与安装 ··· 4
   2.1 软件获取 ··· 4
   2.2 软件安装 ··· 4
   2.3 初次使用设置 ·· 6

第 3 章 数据库说明 ··· 8
   3.1 数据库结构 ··· 8
   3.2 文件说明 ··· 9

第 4 章 功能模块 ·· 12
   4.1 主界面 ·· 12
   4.2 工区管理 ··· 14
      4.2.1 工区创建 ·· 14
      4.2.2 工区结构 ·· 15
      4.2.3 打开工区 ·· 15
      4.2.4 关闭工区 ·· 15
      4.2.5 工区另存为 ·· 15

- 4.3 GIS 地图加载及编辑 ··· 16
  - 4.3.1 GIS 地图加载及清空 ·· 16
  - 4.3.2 GIS 展示 ··· 17
  - 4.3.3 GIS 编辑 ··· 18
  - 4.3.4 保存图像 ··· 31
- 4.4 水资源配置建模 ··· 32
  - 4.4.1 用水单元划分 ··· 32
  - 4.4.2 水库信息 ··· 47
  - 4.4.3 供用水关系 ·· 56
  - 4.4.4 控制中枢 ··· 57
  - 4.4.5 配置参数 ··· 62
- 4.5 水循环模拟建模 ··· 73
  - 4.5.1 气象数据 ··· 73
  - 4.5.2 土壤地质 ··· 74
  - 4.5.3 点源面源 ··· 76
  - 4.5.4 模拟参数 ··· 80
- 4.6 模型计算与校验 ··· 85
  - 4.6.1 模型计算 ··· 85
  - 4.6.2 模型校验 ··· 86
- 4.7 模型输出 ·· 96
  - 4.7.1 报表输出 ··· 96
  - 4.7.2 专题分析 ··· 97
  - 4.7.3 报告输出 ··· 102
- 4.8 关于软件 ·· 102
- 4.9 用户手册 ·· 103

第 5 章 应用实例 ··· 104

- 5.1 数据说明 ·· 104
- 5.2 新建工区 ·· 105

5.3 加载 GIS 地图 ·· 106
5.3.1 加载 GIS 图层 ·· 106
5.3.2 图层属性 ·· 107
5.4 水资源配置建模 ··· 110
5.4.1 单元划分 ·· 110
5.4.2 单元提取 ·· 112
5.4.3 单元拓扑关系 ·· 114
5.4.4 水库信息提取 ·· 115
5.4.5 水库间拓扑关系 ·· 117
5.4.6 水库—单元间拓扑关系 ··· 118
5.4.7 水库与单元基本信息录入 ··· 120
5.5 控制中枢 ··· 125
5.5.1 模拟年份 ·· 126
5.5.2 降水产汇流计算 ·· 126
5.5.3 再生水退水计算 ·· 126
5.5.4 点源面源计算 ·· 127
5.5.5 水库来水 ·· 127
5.5.6 水源选择 ·· 127
5.5.7 行业选择 ·· 127
5.5.8 主行业需水选择 ·· 127
5.6 配置参数 ··· 127
5.6.1 供水时段数据 ·· 127
5.6.2 需水时段数据 ·· 129
5.6.3 供水权重参数 ·· 132
5.6.4 河道蒸渗参数 ·· 135
5.7 水循环模拟建模 ··· 135
5.7.1 气象数据 ·· 135
5.7.2 土壤地质 ·· 138
5.7.3 点源面源 ·· 141
5.7.4 模拟参数 ·· 141

- 5.8 模型计算与校验 ··· 147
  - 5.8.1 模型计算 ··· 147
  - 5.8.2 模型校验 ··· 148
- 5.9 报表输出 ·· 153
- 5.10 专题分析 ··· 154
  - 5.10.1 水资源量分析 ··· 154
  - 5.10.2 水资源供用水配置分析 ····································· 156
  - 5.10.3 水资源开发利用情况分析 ··································· 156
  - 5.10.4 水资源承载力分析 ··· 156

第6章 案例应用讨论与分析 ·· 158
- 6.1 研究区情况与模型构建 ·· 158
  - 6.1.1 模型构建 ··· 158
  - 6.1.2 模型资料输入 ··· 161
- 6.2 模型参数率定与验证 ·· 162
  - 6.2.1 模型参数 ··· 162
  - 6.2.2 模型调参方法 ··· 163
- 6.3 不同模型对比分析 ·· 166

参考文献 ·· 169

第1章 关于软件

1.1 软件研发意义

随着人类取用水规模的不断扩大，经济、社会与区域水资源形成了相互影响、相互制约、互动关联的关系，以黄河流域为例（根据2009年发布的《黄河流域水资源综合规划》），正常年天然河川径流量为534.8亿立方米，现状流域地表水用水量约为370亿立方米，超过可利用量约42亿立方米，但入海水量基本没有减少。从水量平衡来看，这表明水资源开发利用在从河流取用水的同时，也有相当一部分退排水进入河道，存在水资源重复利用现象；从内在机理来看，这显示出水资源系统一次性水资源和回归水等二次性水资源存在联动、互馈的关系，河道流量受天然来水和用水户取排水的联合作用，同时下游取用水与上游取排水之间存在动态响应。如何开展在水资源动态变化背景下水资源的综合模拟与调控，研究自然—社会水资源系统的互馈关系，是水资源精细化管理的新挑战。

为适应水资源系统的动态变化及水资源的合理利用，迫切需要开展水资源系统演变和调控的科学量化研究。构建水资源综合模拟与调控模型则是开展这项研究的基础工具，模型的构建可以为精准定量人类活动影响下的径流变化提供科学手段，也可以为在水资源动态变化背景下的水资源适应性开发利用提供科学依据。

目前，在国内外水资源综合模拟与调控方面，科学家采用水文学方法、智能算法等开展了大量研究，如新安江模型、SIMHYD、MIKE、TOPMODEL、ROWAS、VIC等；在供需双侧联动方面，尤其是在水资源系统配置主体互馈、调配过程的复杂性、供需双侧的动态性方面，当前研究尚难以满足水资源精细化管理的要求。因此，针对复杂水资源系统的特点，我们迫切需要构建新的系统模型、研究新的方法，以实现复杂水资源的精细化利用。

1.2 WAS模型特点

中国水利水电科学研究院研发的"水资源动态调配与模拟模型"（Water Allocation and Simulation Model，WAS模型）由产汇流模拟模块、再生水模拟模块、水质模拟模块、水资源调配模块4个部分组成。其中，产汇流模拟模块、再生水模拟模块共同组成自然—社会水循环的基础，用于定量计算区域水资源量并对其组成进行分析；水质模拟模块模拟主要污染物的迁移转化，用来定量河流、湖库的污染物水质变化，为水资源调配提供水质边界；水资源调配模块主要进行水资源供需平衡、分质供水计算，用来实现水资源的发散均衡，并反馈到几个水循环模拟过程。WAS 模型的功能特点如表 1-1 所示。

表 1-1　WAS 模型的功能特点

类别	分项	常规配置模型	WAS 模型
配置对象	供水多水源	有	有
	多用水户	有	有
单元数量	供需双侧节点数	≤ 200 个 × 200 个	≤ 15 万个 × 15 万个
	建模方法	常规数组法	（常规 + 改进稀疏矩阵 COO-RC）智能匹配
配置方法	规则配置	有	有
	优化配置	有	有
	全时段优化	弱	强
水平衡模拟	节点水量模拟	有	有
	流域水循环模拟	无或松散耦合	有且紧密耦合
	水量水质联合	静态	动态
配置目标	供需平衡	有	有
	水系统整体考虑	无	有

1.3　GWAS 软件特点

"水资源通用配置与模拟软件"（General Water Allocation and Simulation Software，GWAS 软件），是 WAS 模型的应用操作软件。GWAS 集成开源 QGIS 技术、SQLite 仓库技术和 WAS 模型等开发而成，可以实现对区域/流域水资源水量水质模拟、评价、水资源配置及报表输出等功能，使用户能够较快速、较全面地评价研究区水资源状况，便于水资源管理人员根据区域实际情况进行动态修正，为区域水资源的高效管理和优化配置提供决策支持，为有关研究人员和水资源决策管理者提供平台工具。

GWAS 软件技术架构如图 1-1 所示。

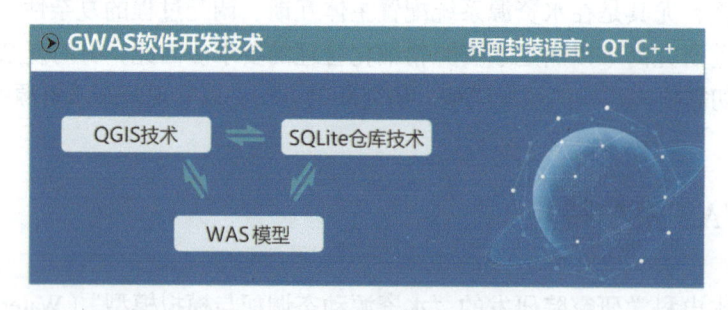

图 1-1　GWAS 软件技术架构

在功能方面，GWAS 软件具有以下优势，如图 1-2 所示。

（1）清晰的应用流程。软件用一组组标签将工具栏的命令进行组织分类，每组都包含了相关的命令。在每组标签中，各种相关的选项被组在一起。标签从左向右展示了软件的流程，用户可以根据标签的提示完成整个工作流程。

（2）全功能的 GIS 地图编辑。GWAS 软件封装开源 QGIS 地图处理功能，可以提供数据的显示、编辑和分析，并自动生成地图，最后形成用户期待的地图数据。GIS 界面很友好，熟悉商业 GIS 软件的用户及新手用户都可以很容易地进行操作。

（3）强大的数据管理功能。GWAS 软件在流程进行过程中需要录入大量的数据文本，包括水文分区和行政分区一体化管理。相关的数据管理功能可以与 Excel 等常用表格软件无缝对接，并支持所见即所得的数据编辑等功能，便于用户进行数据整理和调试。

（4）自主研发的水资源优化配置算法。GWAS 软件考虑了水资源系统配置主体互馈、调配过程的复杂性，以及供需双侧的动态性、联动性，真正实现了水量水质联合配置，将水资源评价和配置真正结合，可以满足水资源精细化管理的要求。

（5）输出数据全面。GWAS 软件支持输出数 10 种标准报表，并支持水资源配置报告输出，可为用户提供全方位的数据结果以供参考。

（6）模型校验功能保证结果的可用性。GWAS 软件提供一系列校验功能，用户可以输入实测数据，并与模型模拟结果进行对比，最终发现模型存在的不足，以便对相关参数进行调整。

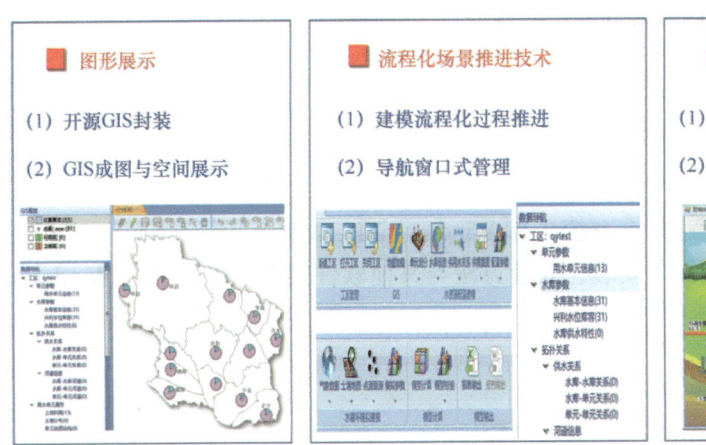

图 1-2　GWAS 模型架构功能优势

GWAS 软件平台由中国水利水电科学研究院水资源研究所支持研发，GWAS 软件底层 WAS 模型由 WAS 研究小组研发（联系人：桑学锋博士，Email：sangxf@iwhr.com）。在研发过程，研究小组得到了水资源研究所各位前辈专家及地方水务实践部门的宝贵意见，在此一并表示感谢。

第 2 章 获取与安装

2.1 软件获取

下载方式及咨询方式如下。

（1）登录中国水利水电科学研究院水资源研究所网站（www.new.ewater.com.cn），可以下载 GWAS 软件。

（2）用户可以加入 QQ 群（GWAS 模型群，群号 757712217），在群文件中自主下载，也可以联系桑学锋博士（Email：sangxf@iwhr.com）获取 GWAS 软件最新版本；同时，GWAS 模型群也是 GWAS 技术咨询和讨论群。

2.2 软件安装

GWAS 软件支持在主流操作系统（如 Windows XP、Vista、Windows 7、Windows 8、Windows 8.1、Windows 10 等）安装，安装方法与其他软件类似。安装包在 Windows 系统中如图 2-1 所示。

图 2-1 软件安装包

用鼠标双击软件安装包 GWAS_Setup_xxxx.exe 文件（非 Windows XP 系统请右键单击，并在菜单中使用管理员身份运行该软件），如图 2-2 所示。

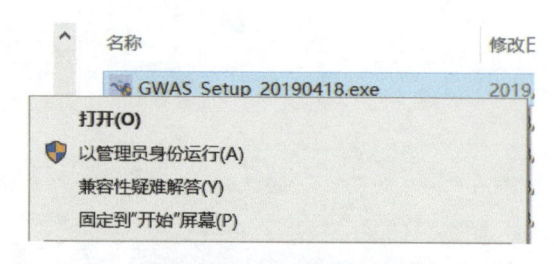

图 2-2 软件安装运行设置

弹出的安装界面如图 2-3 所示。

图 2-3　软件安装界面

单击下一步按钮，弹出如图 2-4 所示界面。

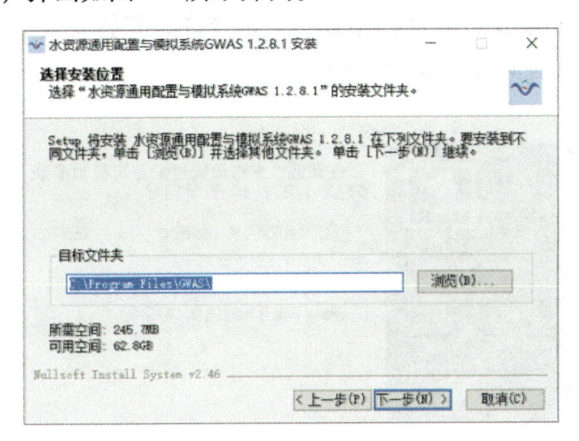

图 2-4　软件安装位置选择

为避免出现不可知问题，请将软件安装在名称不带中文的文件夹中。单击下一步，可以修改开始菜单中的文件夹名称，如图 2-5 所示。

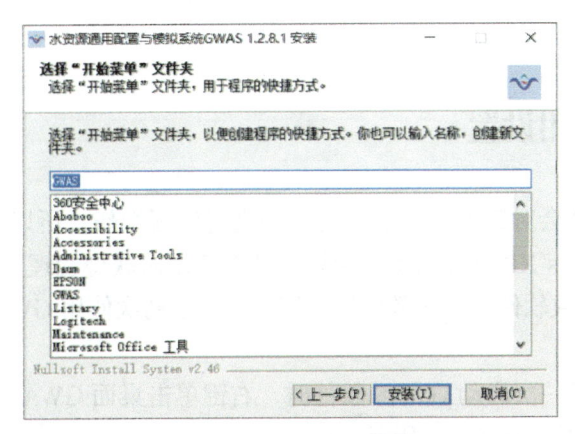

图 2-5　软件安装目录

单击安装按钮，GWAS 软件开始安装，如图 2-6 所示。

图 2-6　软件安装过程

在安装过程中，如果安全软件弹出提示，请允许。安装完成后的界面如图 2-7 所示。单击完成按钮，关闭安装向导并运行 GWAS 软件。

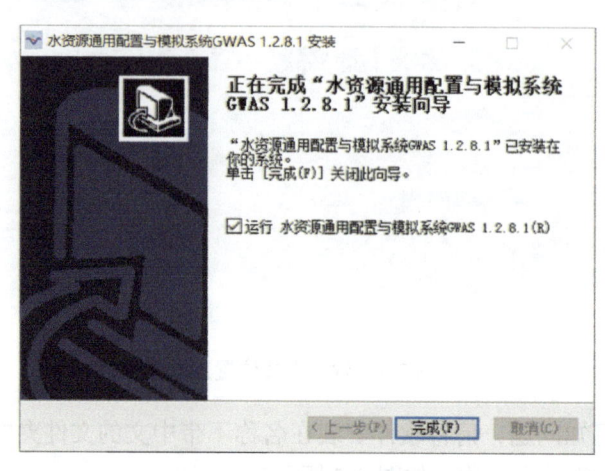

图 2-7　软件安装完成界面

2.3　初次使用设置

因为 GWAS 软件会对其安装目录下的文件进行读写操作，所以如果 GWAS 软件安装在系统盘，除 Windows XP 以外的系统会要求其在使用时获得管理员权限，否则在写入文件时会出现问题，导致软件无法正常使用。基于此，在初次使用 GWAS 软件时必须要对其进行设置。

设置方法：在第一次启动 GWAS 软件时，右键单击桌面 GWAS 软件图标，在弹出的右键菜单底部单击属性，如图 2-8 所示。

在弹出的对话框中，选择兼容性选项。勾选以管理员身份运行此程序，并单击确定按钮，如图 2-9 所示。在此之后，用户就可以正常双击打开 GWAS 软件了。

图 2-8　右键菜单

图 2-9　软件初次使用设置

第3章 数据库说明

3.1 数据库结构

GWAS 软件涉及的数据包括数据库数据、GIS 地图数据及配置信息。

数据库数据以所属信息的主体分为 6 类，共 64 张表，分别是分区表、用水单元、拓扑信息、河道信息、水库信息和系数表，如图 3-1 所示（当在 GWAS 软件界面上展示时，按业务进行分类，参见数据导航树部分）。

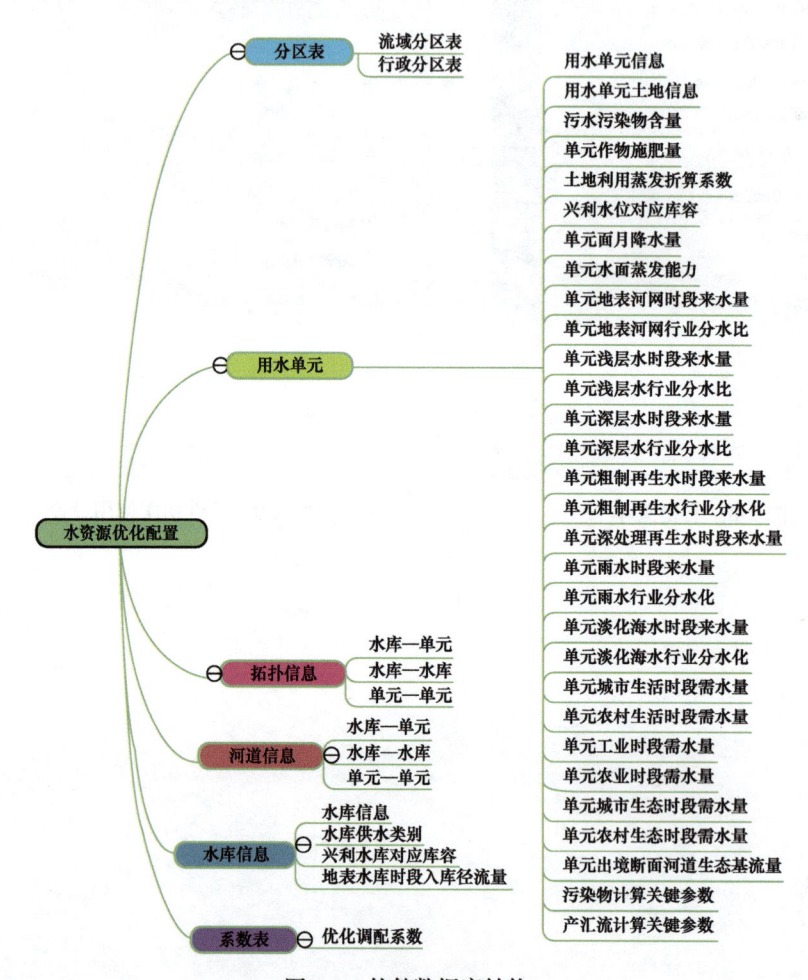

```
水资源优化配置
├─ 分区表
│    ├─ 流域分区表
│    └─ 行政分区表
├─ 用水单元
│    ├─ 用水单元信息
│    ├─ 用水单元土地信息
│    ├─ 污水污染物含量
│    ├─ 单元作物施肥量
│    ├─ 土地利用蒸发折算系数
│    ├─ 兴利水位对应库容
│    ├─ 单元面月降水量
│    ├─ 单元水面蒸发能力
│    ├─ 单元地表河网时段来水量
│    ├─ 单元地表河网行业分水比
│    ├─ 单元浅层水时段来水量
│    ├─ 单元浅层水行业分水比
│    ├─ 单元深层水时段来水量
│    ├─ 单元深层水行业分水比
│    ├─ 单元粗制再生水时段来水量
│    ├─ 单元粗制再生水行业分水化
│    ├─ 单元深处理再生水时段来水量
│    ├─ 单元雨水时段来水量
│    ├─ 单元雨水行业分水化
│    ├─ 单元淡化海水时段来水量
│    ├─ 单元淡化海水行业分水化
│    ├─ 单元城市生活时段需水量
│    ├─ 单元农村生活时段需水量
│    ├─ 单元工业时段需水量
│    ├─ 单元农业时段需水量
│    ├─ 单元城市生态时段需水量
│    ├─ 单元农村生态时段需水量
│    ├─ 单元出境断面河道生态基流量
│    ├─ 污染物计算关键参数
│    └─ 产汇流计算关键参数
├─ 拓扑信息
│    ├─ 水库—单元
│    ├─ 水库—水库
│    └─ 单元—单元
├─ 河道信息
│    ├─ 水库—单元
│    ├─ 水库—水库
│    └─ 单元—单元
├─ 水库信息
│    ├─ 水库信息
│    ├─ 水库供水类别
│    ├─ 兴利水库对应库容
│    └─ 地表水库时段入库径流量
└─ 系数表
     └─ 优化调配系数
```

图 3-1 软件数据库结构

除拓扑信息、河道信息两类中的 6 张表外，其余表都是在创建工区时就在工区数据库中生成的，但拓扑信息和河道信息需要基于水库信息和用水单元两张表中的水库和用水单元创建，也会随着这两张表中数据的变化而进行相应改变。

3.2 文件说明

GWAS 软件生成 64 张表作为 GWAS 模型运行的输入文件，具体可进一步归类如下。

1. GIS 文件（均为 .shp 文件）

各文件说明如下。
（1）Rivers：河流图层。
（2）Res：水库点图层。
（3）hydro：流域分区图层。
（4）city：行政分区图层。

提示：上述各图层必须为同一个投影坐标系统，否则在导入后不能正确显示。

2. Data 文件（均为 .csv 格式）

各文件说明如下。
（1）模型控制表。
control1：①定义模型运行的起始时间；②区域多水源、多用水户选择；③是否开展水循环模拟；④是否计算行业需水量。
control2：①定义模型频率年；②模型求解是否优化算法；③自然、社会水资源模拟与配置模拟选择。
（2）系统拓扑信息类型表。
itprr：地表水库之间的上下游、串联或并联关系表。
itpru：地表水库—计算单元的供水关系表。
itpuu：计算单元之间的上下游、串联或并联关系表。
inrrch：水库—水库间河道编码与蒸发、渗漏率。
inruch：水库—单元间河道编码与蒸发、渗漏率。
inuuch：单元—单元间河道编码与蒸发、渗漏率。
（3）供水节点类型表。
inres：地表水库基本属性。
inresg：地表水库供水特性及供水规则。
inresv：地表水库汛限水位对应的库容（1—12 月会有变化）。
inresin：地表水库时段入库水量。
inrivin：单元地表河网时段来水量。
ingwin：单元浅层水时段来水量。

ingwin2：单元深层水时段来水量。

inrew1：单元粗制再生水时段来水量。

inrew2：单元深处理再生水时段来水量。

inrain：单元雨水时段来水量。

inrock：单元岩溶水时段来水量。

insalt：单元微咸水时段来水量。

insea：单元淡化海水时段来水量。

inother：单元其他水源时段来水量。

（4）用水单元需水类型表。

insub：计算单元经济、社会及地表基本情况。

inclive：单元农村生活时段需水量。

intlive：单元城市生活时段需水量。

inindu：单元工业时段需水量。

infarm：单元农业时段需水量。

inbio：单元城市生态（城市绿化、环卫）时段需水量。

inbio2：单元农村生态（重要河湖、湿地补水）时段需水量。

inbio3：单元出境断面（行政交界断面或重要水文断面）河道生态基流量。

（5）水文气象与下垫面类型表。

inpcp：单元各时段面降水量。

inpet：单元各时段水面蒸发能力（201蒸发皿测量值）。

inland：单元土地利用类型及面积（在模拟时段内保持不变格式）。

inland2：单元土地利用类型及面积（在模拟时段内逐年动态变化格式）。

insoil：计算单元土壤类型情况。

insubgd：计算单元地下结构（土壤层、浅层、深层的厚度）基本情况。

（6）点源、面源污染相关类型表。

inclw：单元农村生活污染相关参数。

intlw：单元城市生活污染相关参数。

ininduw：单元工业污染相关参数。

infarmhf：单元农业亩均化肥折纯施肥量。

infarmw：单元农业化肥中氨氮、TN、TP污染相关参数。

inpigw1：牲畜——猪污染及相关参数。

inpigw2：牲畜——牛污染及相关参数。

inpigw3：牲畜——羊污染及相关参数。

inpigw4：牲畜——鸡污染及相关参数。

infishw1：水产——青鱼养殖污染及相关参数。

infishw2：水产——草鱼养殖污染及相关参数。

infishw3：水产——鲢鱼养殖污染及相关参数。

infishw4：水产——鳙鱼养殖污染及相关参数。
insedw：单元内河湖底泥污染相关参数，是污染调参主要参数。
inwxjco：单元内主要污染物消减系数，是污染调参主要参数。
（7）水循环模拟参数类型表。
insoilcnf：模型产汇流计算——土壤层相关参数，是水循环调参主要参数。
ingwcnf：模型产汇流计算——地下水模拟相关参数，是水循环调参主要参数。
inlandetc：单元土地利用类型上植被相对水面的蒸发能力（在 inpet 文件中）的调节系数。
（8）配置部分参数类型表。
inopcnf：优化配置模块中各目标的权重系数，以及行业权重系数。
intwcnf：单元城市生活、工业的耗水参数。
inrivinp：单元地表河网行业分水比。
ingwinp：单元浅层水行业分水比。
ingwin2p：单元深层水行业分水比。
inrew1p：单元粗制再生水行业分水比。
inrew2p：单元深处理再生水行业分水比。
inrainp：单元雨水行业分水比。
insaltp：单元微咸水行业分水比。
inseap：单元淡化海水行业分水比。
inrockp：单元岩溶水行业分水比。
inotherp：单元其他水源行业分水比。

第4章 功能模块

4.1 主界面

GWAS 软件的工作流程如图 4-1 所示。整个工作流程是一个依次递进的过程。首先，用户创建工区，使之成为所有数据信息、GIS 信息的基本管理单位；然后，在工区中通过 GIS 地图加载，获得各种基础信息，包括水库信息、用水单元等；再次，在基础信息的基础上，创建各水库、单元之间的相互拓扑信息，完成模型创建；最后，根据用户的数据情况及计算需求，补充各类动态信息、供用水关系、产汇流水质信息等，并设置参数，进行模型计算得到模拟结果。此外，根据模拟结果情况，进行模型计算参数调整，从而调节结果以获得最终成果。

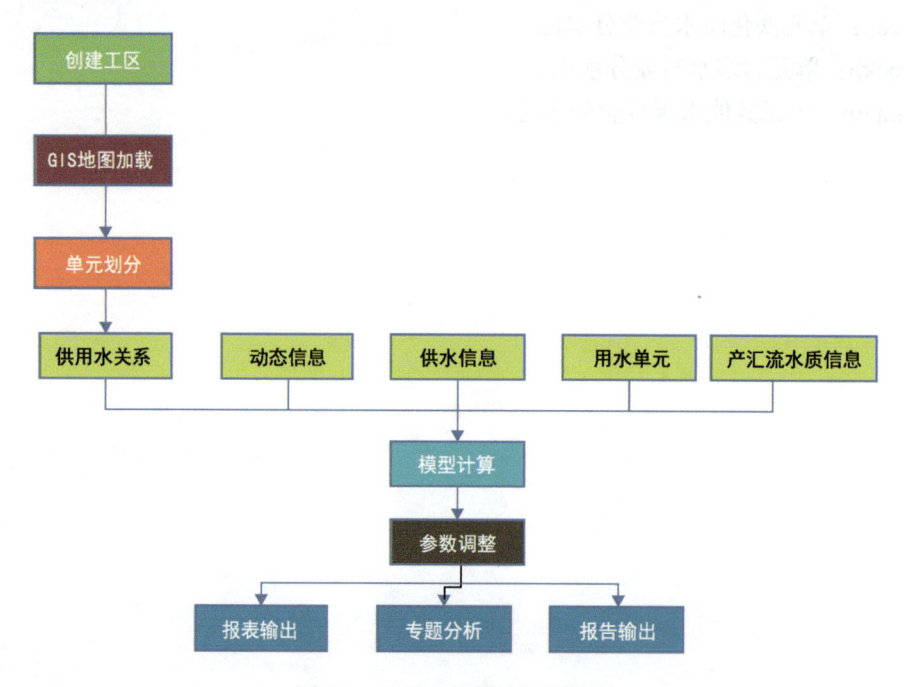

图 4-1　GWAS 软件的工作流程

GWAS 软件主界面如图 4-2 所示，它包括主工具栏、数据导航窗口、GIS 图层窗口 3 个部分。GWAS 软件主工具栏如图 4-3 所示。当光标置于主工具栏各类工具图标、工具菜单上时，会弹出浮动提示，如图 4-4、图 4-5 所示。

第4章 功能模块

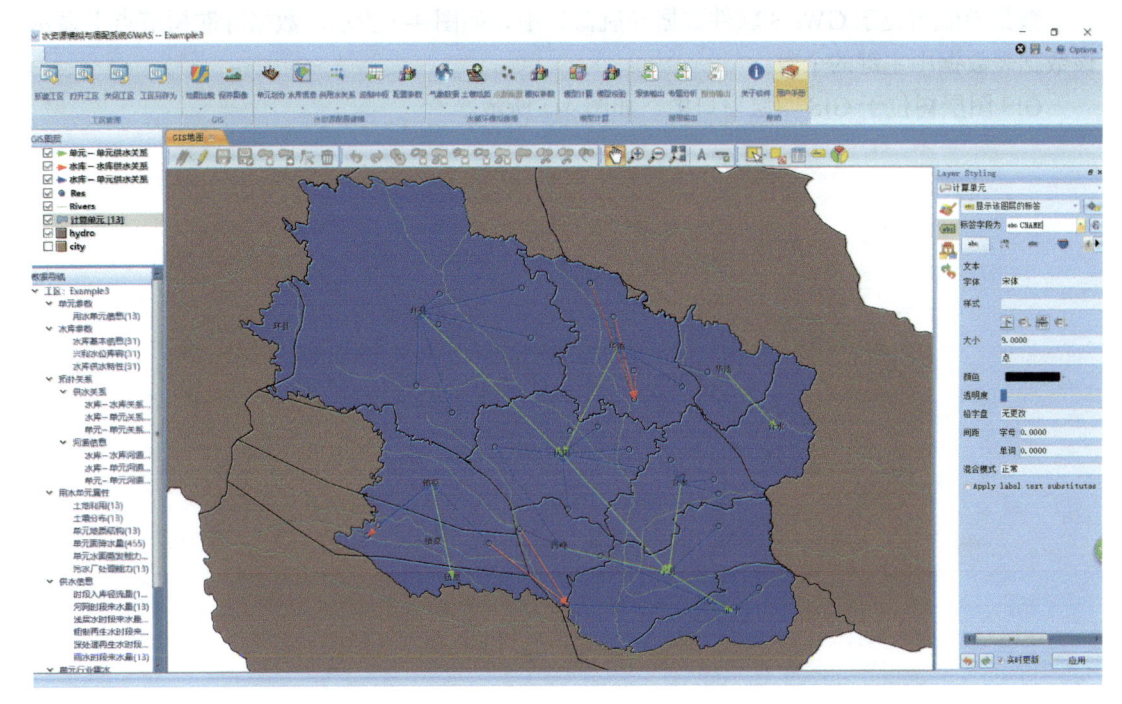

图 4-2 GWAS 软件主界面

图 4-3 GWAS 软件主工具栏

图 4-4 GWAS 软件主工具栏提示信息

图 4-5 GWAS 软件工具菜单提示信息

数据导航树位于 GWAS 软件数据导航窗口中，如图 4-6 所示。数据导航树节点上显示该数据表数据中主键的个数。

GIS 图层树位于 GIS 图层窗口中，如图 4-7 所示。

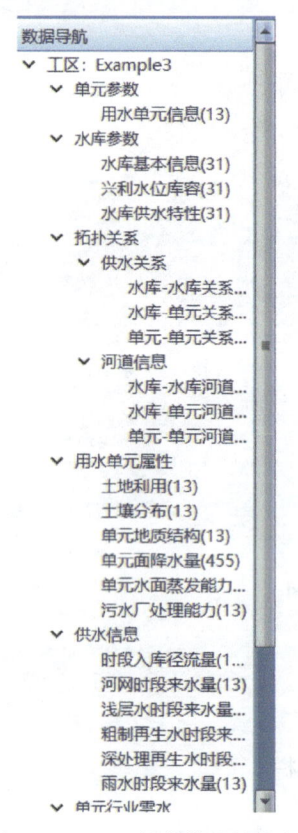

图 4-6　GWAS 软件数据导航窗口 　　　　图 4-7　GWAS 软件 GIS 图层窗口

4.2　工区管理

4.2.1　工区创建

功能说明：创建一个文件夹，其中包括所有研究数据。此文件夹可以被移动到另外的位置或另外的计算机上打开。

单击新建工区按钮，弹出窗口如图 4-8 所示。

图 4-8　新建工区窗口

输入工区名称，如 Example3，指定工区存放路径，单击确定按钮，完成工区创建，GWAS 软件会自动将其打开。

4.2.2　工区结构

工区包括以下结构：两个文件夹，以及 **.db、**.prj、**.qgs、**.qgs~ 文件，如图 4-9 所示。

GIS 文件夹用来存放地图，包括 **.shp 等地图文件。wabet 文件夹用来存放 GWAS 软件需要的数据文件。**.db 文件是数据库文件，**.prj 文件是工区头文件，**.qgs 存放 GIS 地图工区。

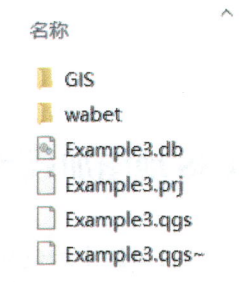

图 4-9　工区文件

4.2.3　打开工区

单击打开工区按钮，弹出打开工区窗口，选择 **.prj 文件并将其打开，如图 4-10 所示。

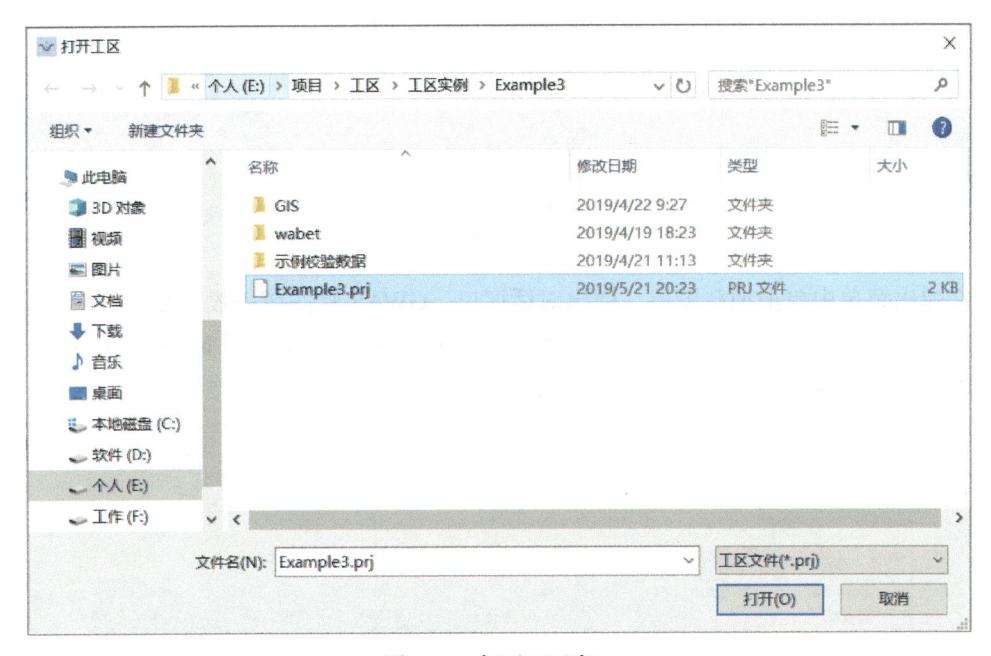

图 4-10　打开工区窗口

4.2.4　关闭工区

在单击关闭工区按钮，或者直接关闭 GWAS 软件界面关闭工区时，会弹出对话框，提示是否保存数据。保存的数据是在表格中还未被保存的修改，以及在 GIS 图层中的修改。

4.2.5　工区另存为

在对数据进行大修改时，建议使用工区另存为功能将工区进行备份，如图 4-11 所示。

图 4-11　工区另存为按钮

4.3　GIS 地图加载及编辑

功能说明：在工区中加载地图文件。另外，GWAS 软件支持绝大部分常见的地图编辑功能。

4.3.1　GIS 地图加载及清空

单击地图加载图标，如图 4-12 所示。

图 4-12　地图加载图标

在弹出菜单中单击加载图层，弹出对话窗口。GWAS 软件在一般情况下至少需要加载行政分区、流域分区、水库 3 个图层，即如图 4-13 所示的 city.shp、hydro.shp、Res.shp 这 3 个文件，Rivers.shp 是河流图层，可根据需要自行添加。

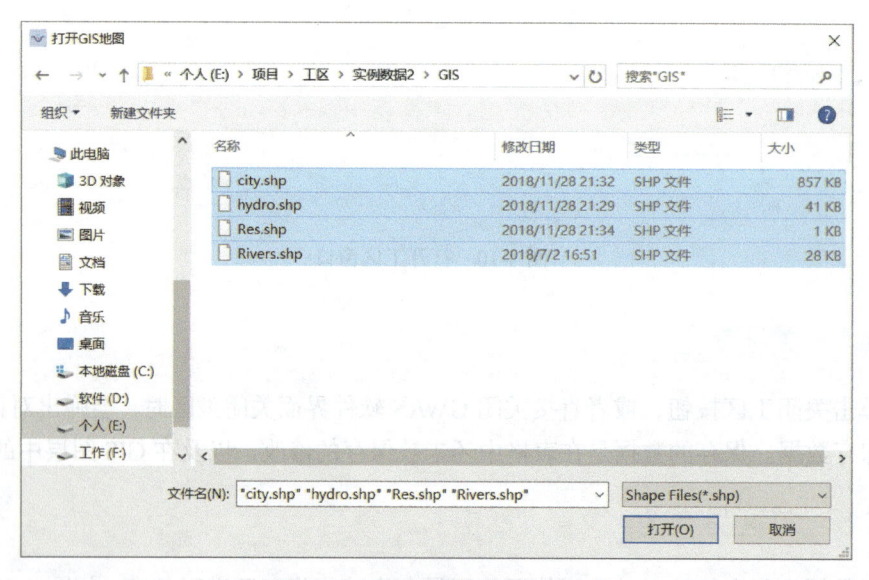

图 4-13　GIS 地图加载对话窗口

选择 **.shp 文件，单击打开，将文件加载到工区。此时，在 GIS 图层窗口中出现被加载的图层，同时在主窗口中打开地图，如图 4-14 所示。

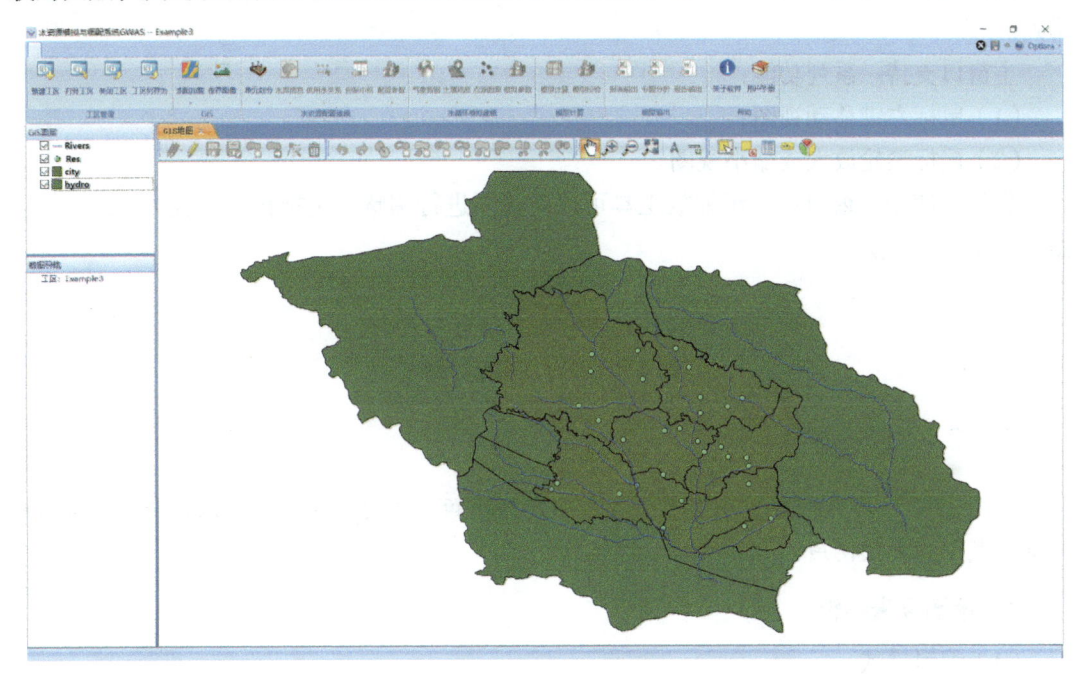

图 4-14　GIS 图层窗口

单击地图加载图标，选择清空图层，如图 4-15 所示。

图 4-15　GIS 地图清零功能

在弹出菜单中单击清空图层，会弹出对话窗口，单击是按钮，则删除所有图层。

4.3.2　GIS 展示

GIS 图层窗口在 GWAS 软件打开时会自动打开，并且不能被关闭。

图层显示或隐藏，以及显示的先后顺序通过 GIS 图层窗口中左侧的选框进行控制，如图 4-16 所示。

图 4-16　GIS 图层显示控制

通过勾选图层前的选框，可以显示或隐藏图层。

按住鼠标左键拖动图层到 GIS 图层树的另一个位置，可以对图层的先后顺序进行重新排列。

主窗口支持一系列功能：

（1）鼠标左键移动视图；

（2）鼠标滚轮放大或缩小视图。

另外，使用主窗口中一组缩放工具可以对视图进行调整，包括移动、放大、缩小、全图，如图 4-17 所示。

图 4-17　GIS 图层窗口操作

4.3.3　GIS 编辑

功能说明：用户的 GIS 地图可能存在一定的问题，使用编辑功能可以让地图更加符合实际，或者更方便使用。

1. 地图要素编辑

（1）编辑模式。

在 GIS 图层窗口中单击高亮某个图层，则该图层被设定为当前图层。通过 GIS 图层窗口上的系列按钮可以对地图进行编辑，如图 4-18 所示。

图 4-18　GIS 图层编辑模式

当光标置于图标上方时，会出现浮动窗口提示，如图 4-19 所示。

单击编辑按钮，激活编辑功能，如图 4-20 所示。

图 4-19　浮动窗口提示　　　　图 4-20　编辑按钮

在激活编辑功能后，该图层变为编辑状态，用线条显示节点，如图 4-21 所示。

图 4-21　GIS 图层边界节点

（2）节点编辑。

激活节点工具，如图 4-22 所示。

图 4-22　节点工具

此时可以对节点进行编辑。在编辑节点时，会弹出节点坐标表格，还会检查错误，如图 4-23 所示。

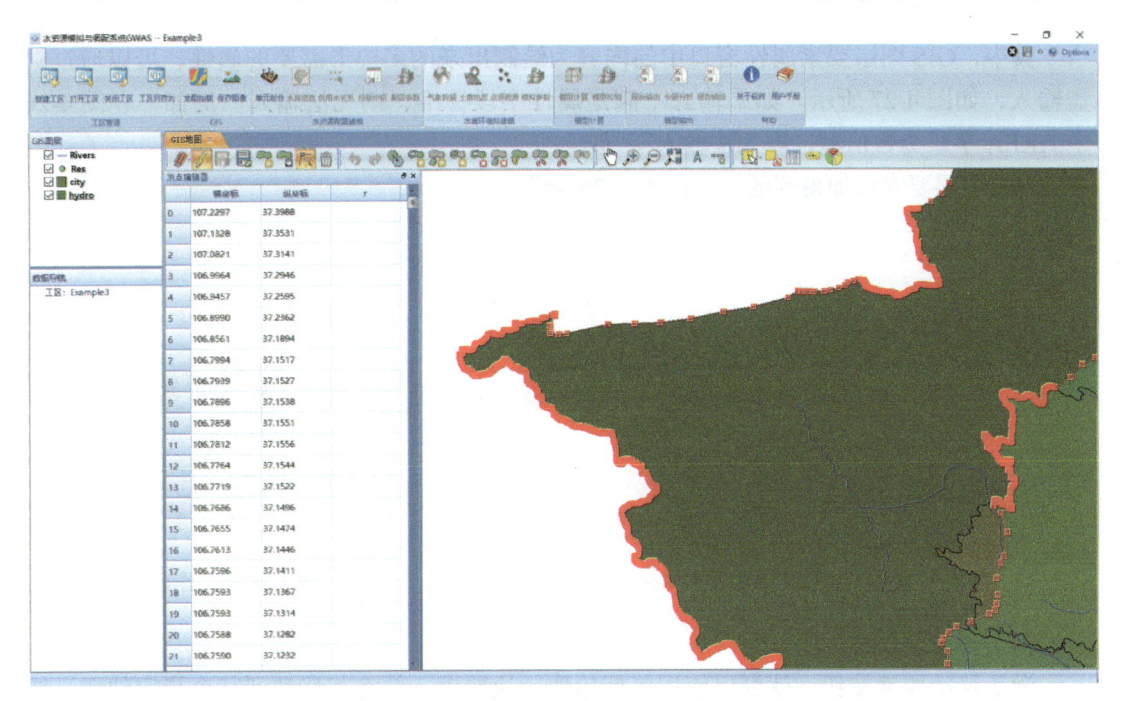

图 4-23　节点编辑

（3）添加要素。

激活添加要素按钮，如图 4-24 所示。

图 4-24　添加要素

此时，光标变成十字状，在 GIS 地图上依次单击，就可以绘制一个多边形，如图 4-25 所示。

在上述操作结束后，单击鼠标右键，弹出对话窗口如图 4-26 所示。

图 4-25　GIS 图层添加要素　　　　　　图 4-26　GIS 图层要素属性窗口

其中，GIS 图层要素属性窗口中的内容为绘制出来的多边形需要的属性，可以通过键盘输入，如图 4-27 所示。如果输入不满足属性字段标准，则无法输入。例如，在图 4-26 中 AREA 字段为数值型，则无法输入字母。

GIS 图层要素添加得到的结果如图 4-28 所示。

图 4-27　GIS 图层要素属性编辑　　　　　　图 4-28　绘制得到的要素

（4）移动要素。

激活移动要素按钮，就可以使用鼠标拾取一块要素，并将其移动到某个指定位置，如图 4-29 所示。

（5）添加环形。

添加环形就是在图形要素中镂空。激活添加环形按钮如图 4-30 所示。

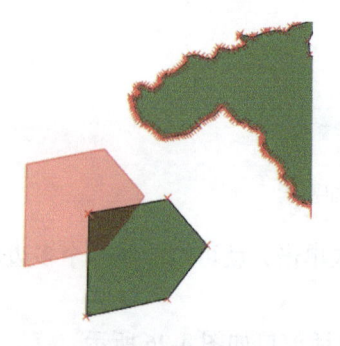

图 4-29　GIS 图层要素移动　　　　　　图 4-30　添加环形按钮

在某个图层要素范围内，如图 4-31 所示，在黄绿色区域连续单击鼠标左键，之后单击右键结束，则可以将所选范围镂空，如图 4-32 所示。如果在空白区域进行绘制，则不会出现镂空效果。

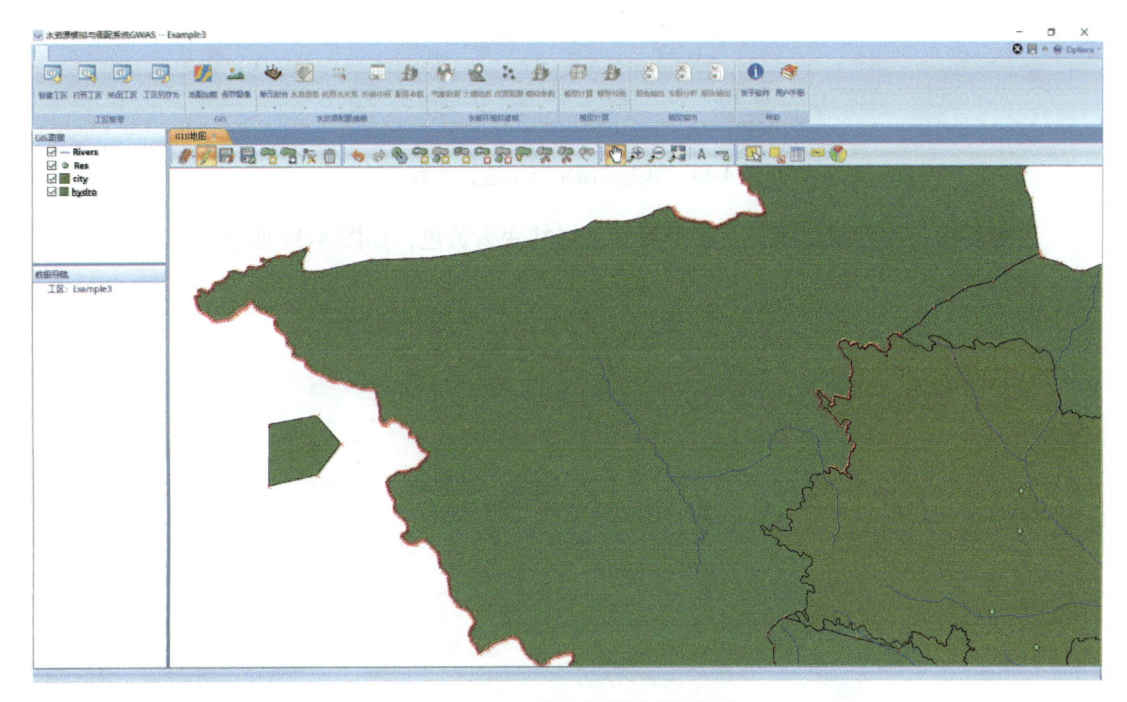

图 4-31　GIS 图层环形要素添加前

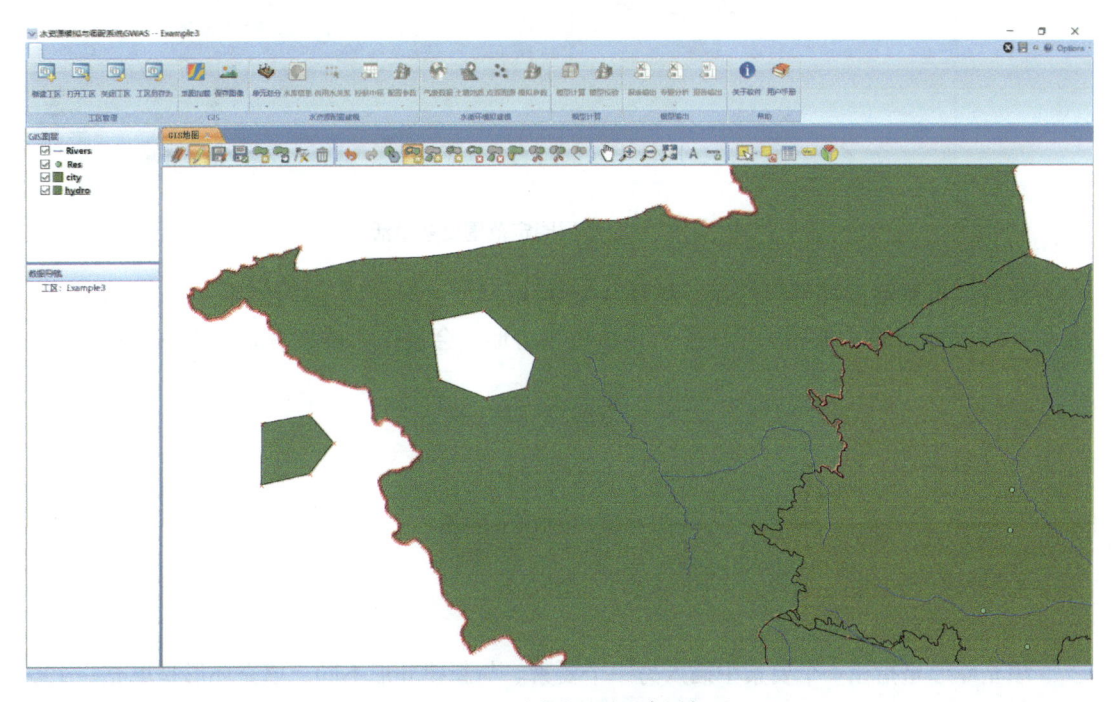

图 4-32　GIS 图层环形要素添加后

（6）添加部件。

激活单击或圈定范围选择要素按钮，如图 4-33 所示。

图 4-33　单击或圈定范围选择要素按钮

单击鼠标，或者圈定图层上某个部件，将其变为黄色，如图 4-34 所示。

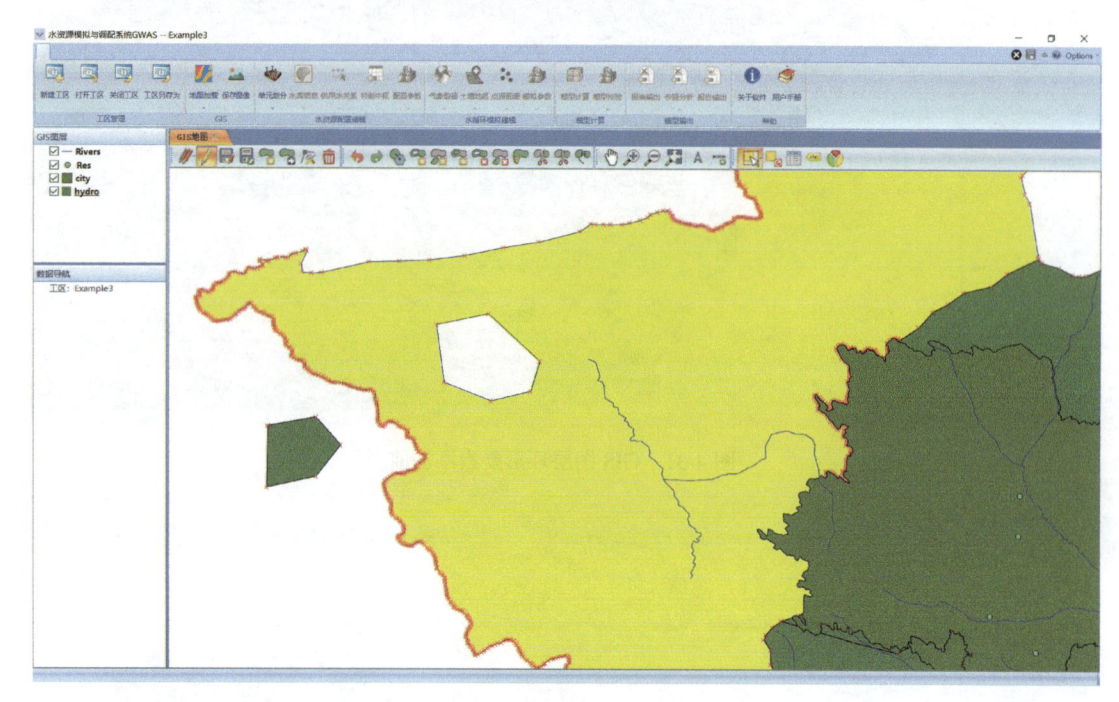

图 4-34　GIS 图层圈定范围要素激活

此时，再激活添加部件按钮，如图 4-35 所示，就可以在图层中绘制一个新的多边形，如图 4-36 所示。得到的新图形（左下角黄色多边形）会被作为被激活部件的一部分。

图 4-35　添加部件按钮

如果没有预先进行选择，则添加部件功能无效。

（7）填充环形。

填充环形是指在一个要素中插入另一个要素。与新建环形不同，填充环形是填充一个空白环形。

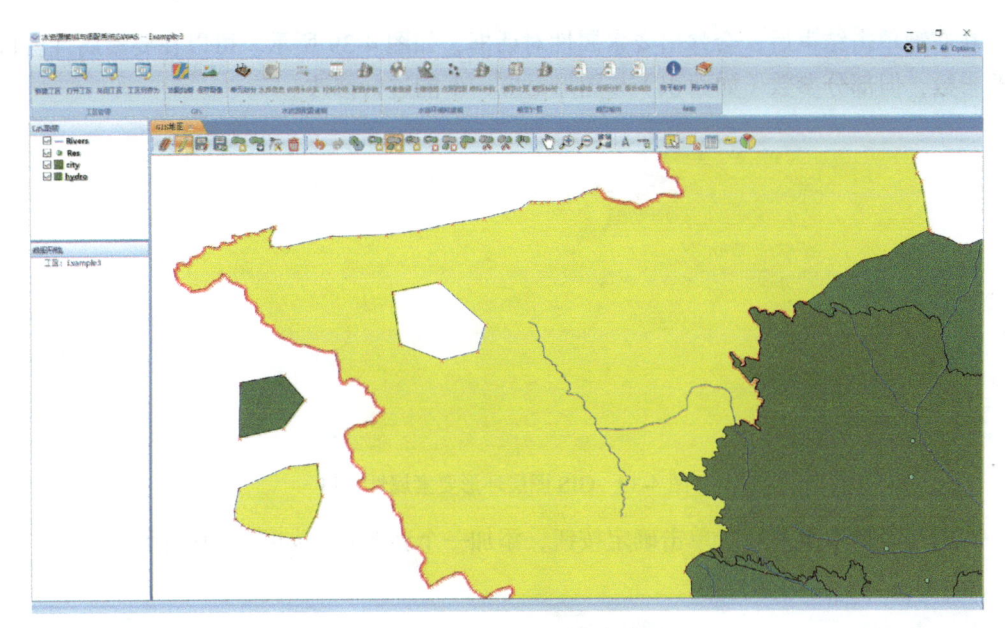

图 4-36　GIS 图层添加部件

首先，激活填充环形按钮，如图 4-37 所示。

图 4-37　填充环形按钮

然后，在 GIS 图层要素中连续单击，绘制出多边形，如图 4-38 所示。

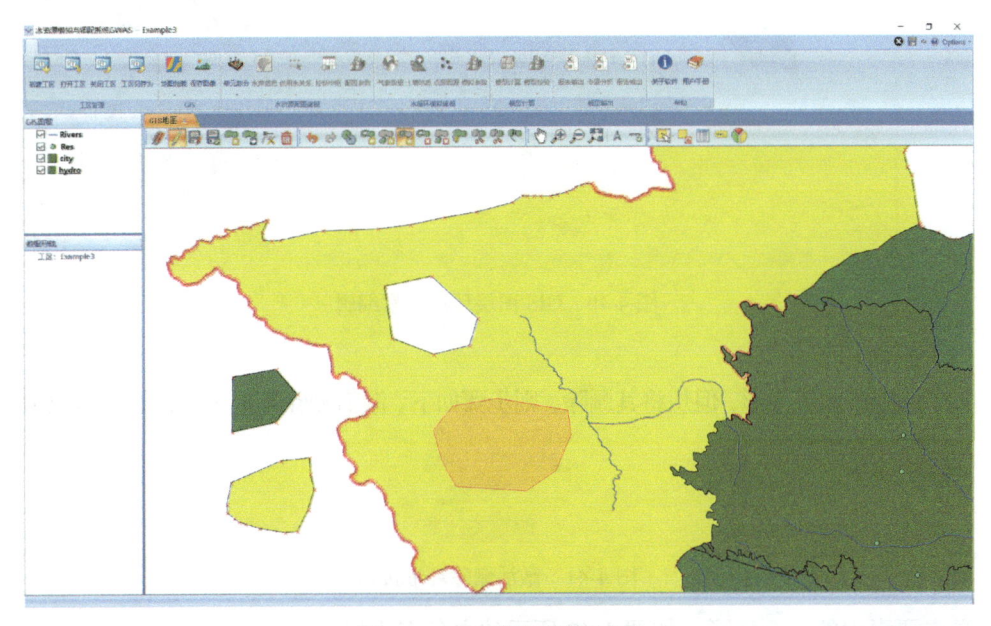

图 4-38　GIS 图层环形要素

在右键单击结束后，会弹出要素属性对话框，如图4-39所示。可以在要素属性窗口中修改参数，但部分参数（如面积）与图形对应，不能进行修改。

图4-39　GIS图层环形要素属性窗口

在填写完要素属性后，单击确定按钮，添加一个新要素，如图4-40所示。

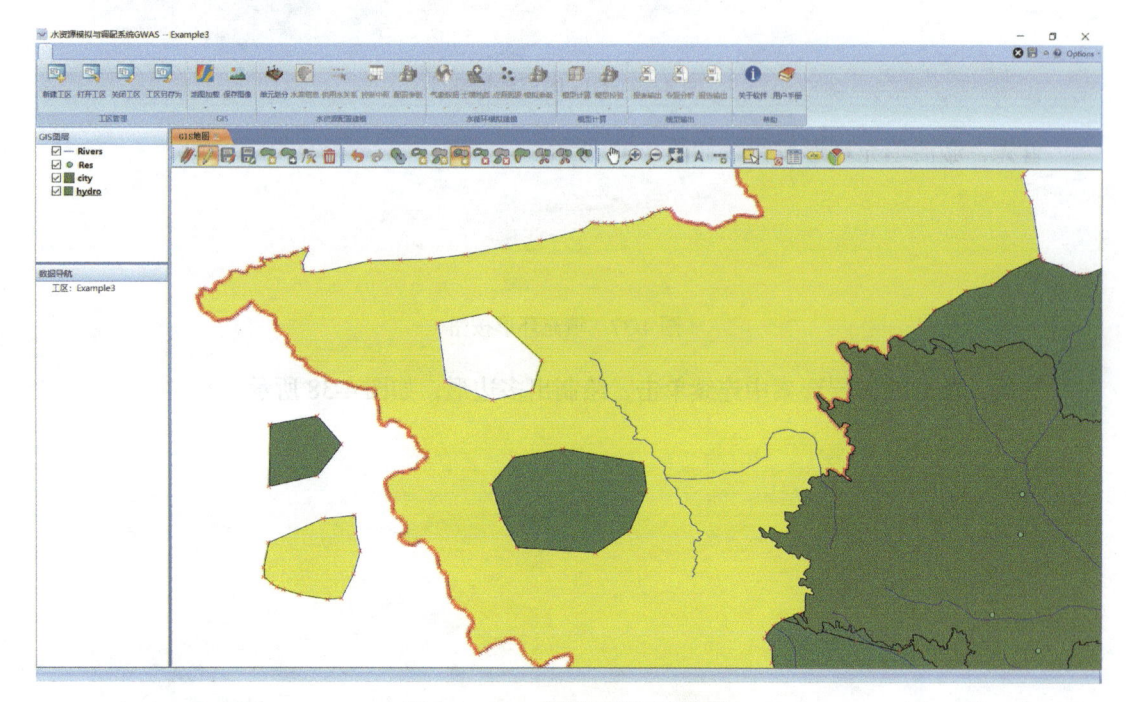

图4-40　GIS图层环形要素编辑

（8）删除环形。

如果已经添加了环形，但想将其删除，则步骤如下。激活删除环形按钮，如图4-41所示。

图4-41　激活删除环形按钮

单击要素中的一个环形，如图4-42所示的白色多边形。

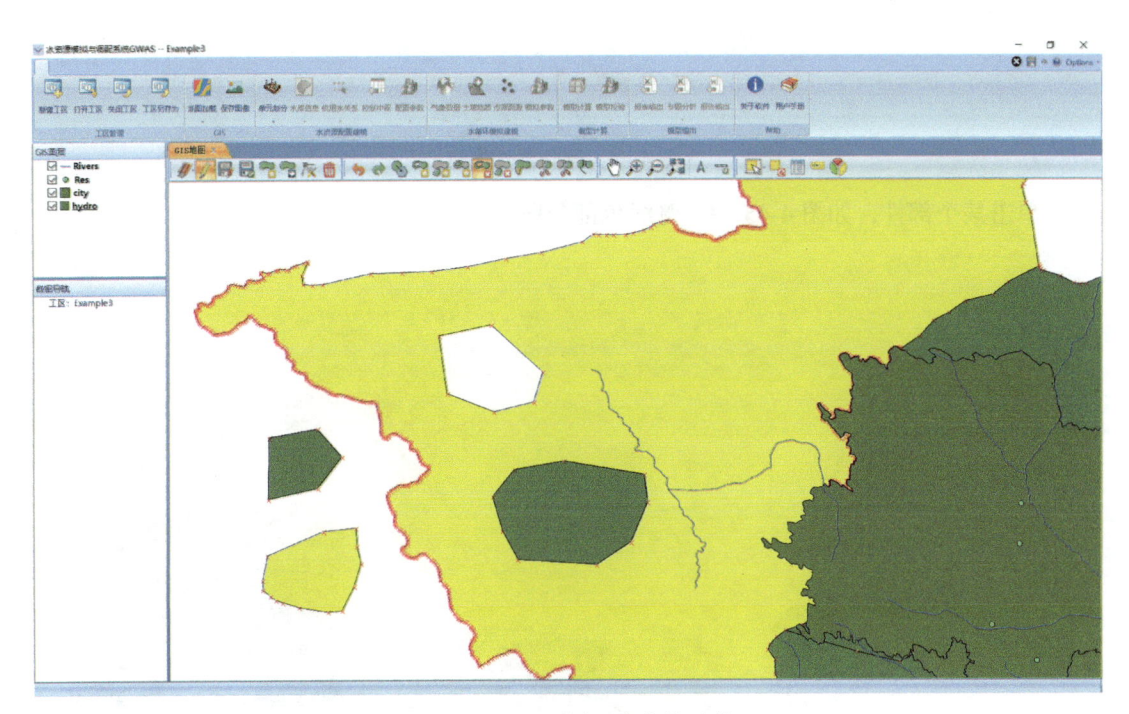

图 4-42　GIS 图层要素中的环形

随后，可以将选定的环形删除，如图 4-43 所示。

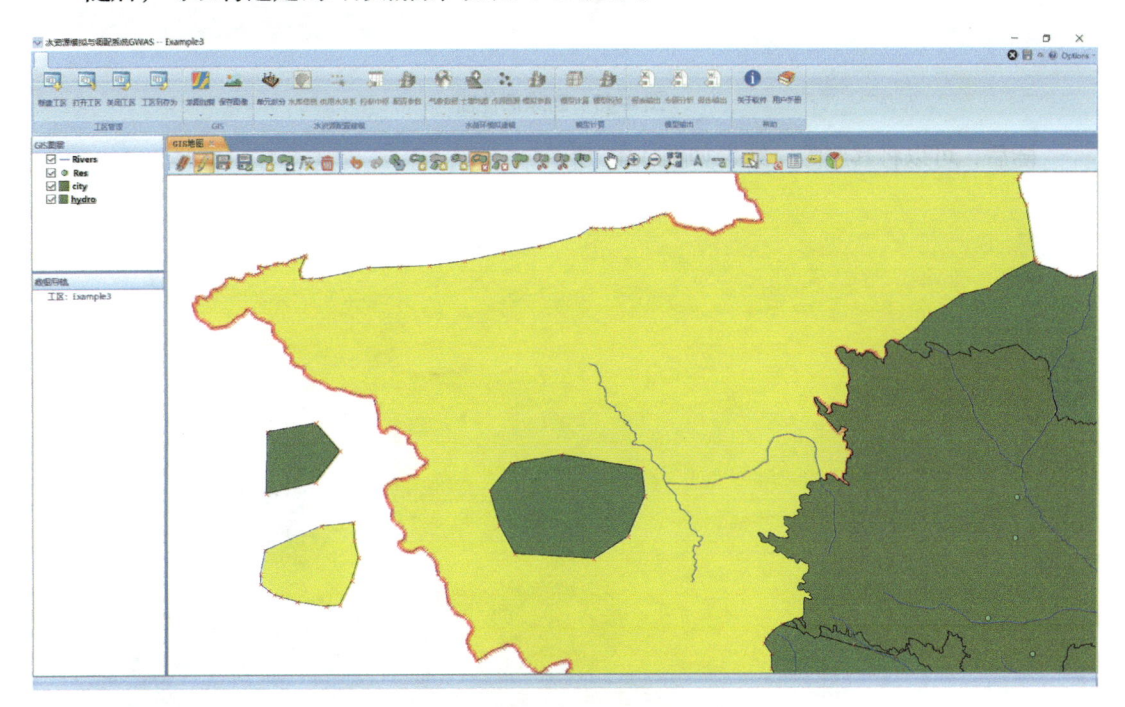

图 4-43　GIS 图层删除环形后的效果

（9）删除部件。

激活删除部件按钮，如图 4-44 所示。

图 4-44　删除部件按钮

单击某个部件，如图 4-45 中左侧绿色部分所示。

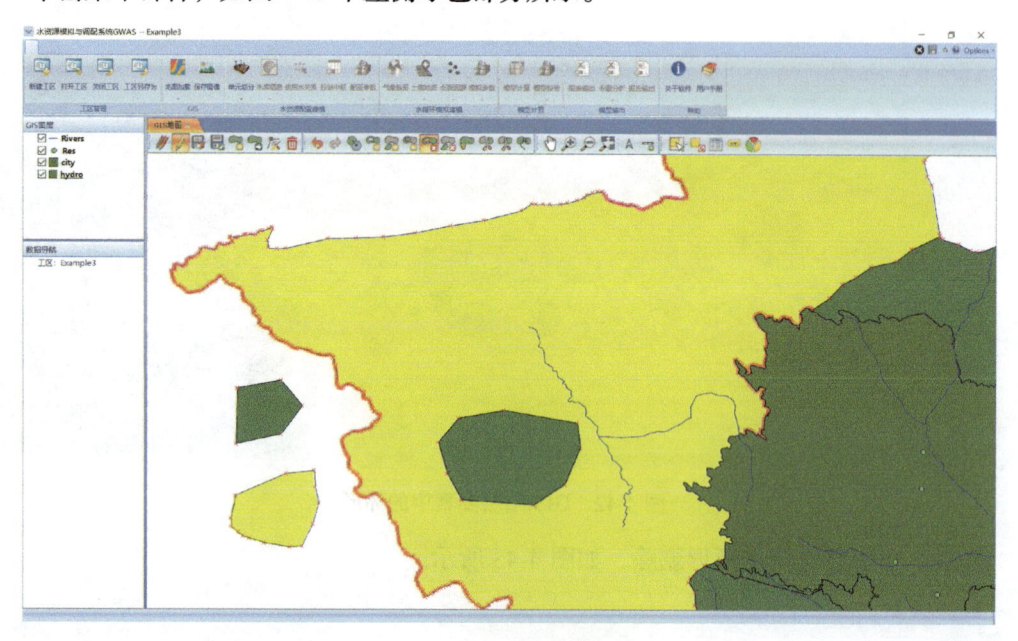

图 4-45　删除部件前

随后，可以将其删除，结果如图 4-46 所示。

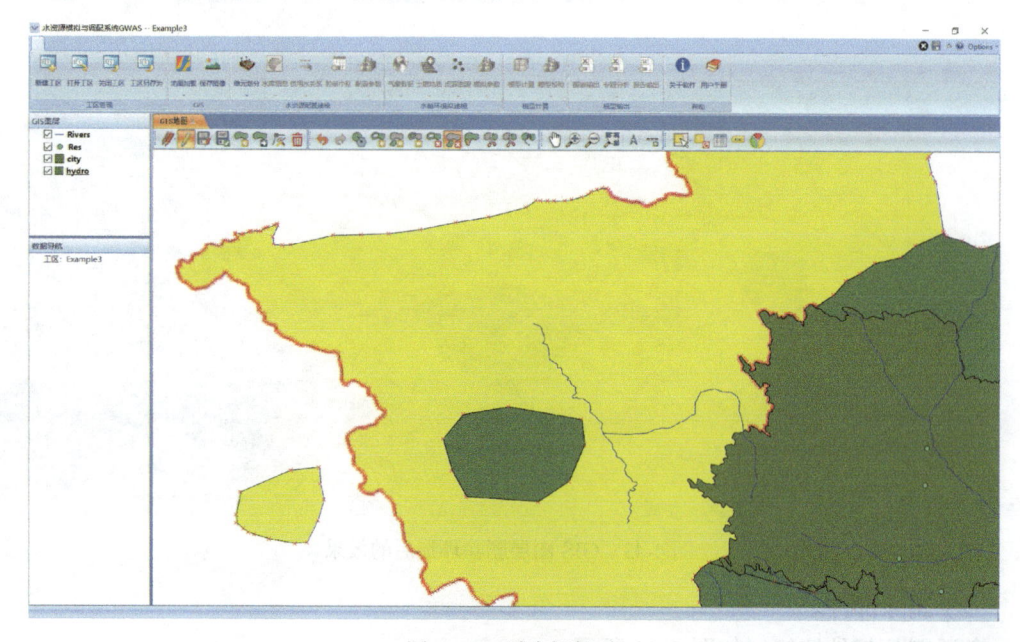

图 4-46　删除部件后

（10）重塑要素。

重塑要素是指使用线进行要素边界的替换。

激活重塑要素按钮，如图 4-47 所示。

图 4-47　重塑要素按钮

在如图 4-48 所示的要素边缘进行单击，绘制出如图 4-49 所示的线条（要与原要素边缘相交）。

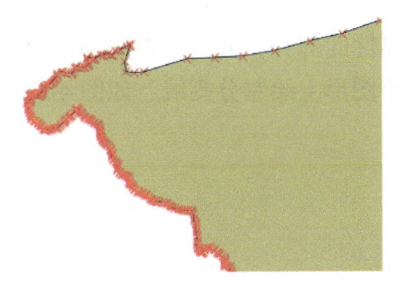

图 4-48　线条绘制前 　　　　　　　　图 4-49　线条绘制中

GIS 图层要素重塑结果如图 4-50 所示。

（11）分割要素。

激活分割要素按钮，如图 4-51 所示。

图 4-50　GIS 图层要素重塑结果 　　　　　图 4-51　分割要素按钮

在图 4-52 中，连续单击，绘制一条与要素边界相交的线条，如图 4-53 所示。

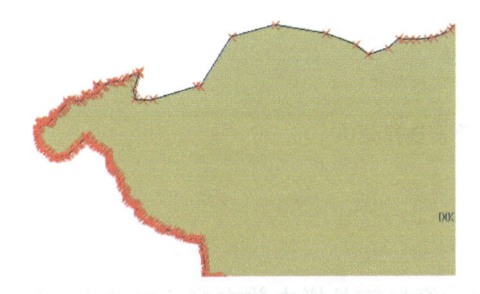

图 4-52　GIS 图层分割要素前 　　　　　图 4-53　GIS 图层分割要素后

可以将 GIS 图层要素分割成几部分，如图 4-54 所示。

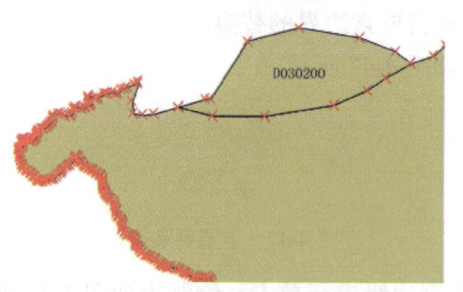

图 4-54　GIS 图层分割要素后结果

（12）分割部件。

分割要素会将 GIS 图层分割成两个各自有独立属性的部分，分割部件则不会出现独立属性，操作方法如分割要素。在如图 4-55 所示的一个图形上绘制分割线，如图 4-56 所示。GIS 图层分割部件后结果如图 4-57 所示。

图 4-55　GIS 图层分割部件前 　　图 4-56　GIS 图层分隔部件中 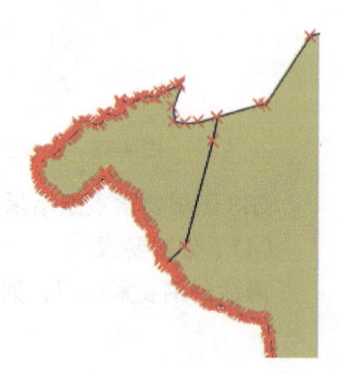　　图 4-57　GIS 图层分割部件后结果

（13）选择。

在 GIS 图层要素选择菜单中，有一系列针对要素的选择功能，单击激活后可以对要素进行选择，如图 4-58 所示。

图 4-58　GIS 图层要素选择菜单

2. 打开属性表

功能说明： 编辑图层中每个部件的属性。

在图层窗口中单击选择某个 GIS 图层，在主窗口工具栏中单击打开属性表图标，如

图 4-59 所示。

图 4-59　打开属性表图标

弹出图层属性窗口如图 4-60 所示。

图 4-60　GIS 图层属性窗口

在如图 4-60 所示的 GIS 图层属性窗口中可以展示各种属性。

GIS 图层属性窗口工具栏如图 4-61 所示，具有切换编辑模式、保存、重新载入表格、添加要素、移除选中要素、使用表达式选择要素、全选、反选、全不选、将所选要素移到顶部、平移地图到选中的行、缩放地图到选中的行、将选中的行复制到粘贴板、粘贴、新建字段、删除字段、打开字段计算器、设定格式条件等功能。

图 4-61 GIS 图层属性窗口工具栏

3．图层标签

功能说明：编辑在地图上显示的文字信息。软件支持将所有图层信息的内容在地图上显示，并设置其显示方式，包括颜色、大小、字体等。

单击图层标签选项按钮，如图 4-62 所示。

图 4-62 图层标签选项按钮

此时右侧出现图层标签窗口，如图 4-63 所示。

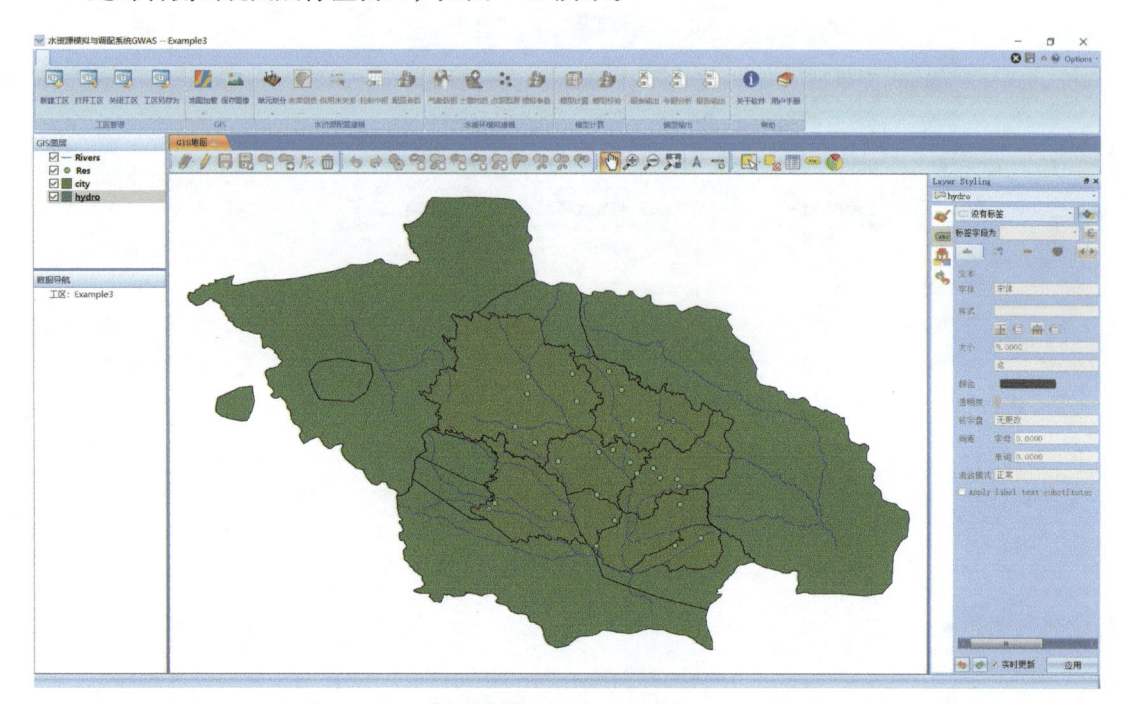

图 4-63 GIS 图层标签窗口

在 GIS 图层标签窗口中可以进行图层标签的编辑、显示。例如，先选择显示该图层标签，再选择标签字段为 WNAME，如图 4-64 所示。

这样可以将河流名称显示出来，如图 4-65 所示。

4．其他图层属性显示

另外，还可以进行其他图层属性编辑，如图层颜色填充等。例如，在图 4-66 中将流域分区由暗绿色填充为暗红色。

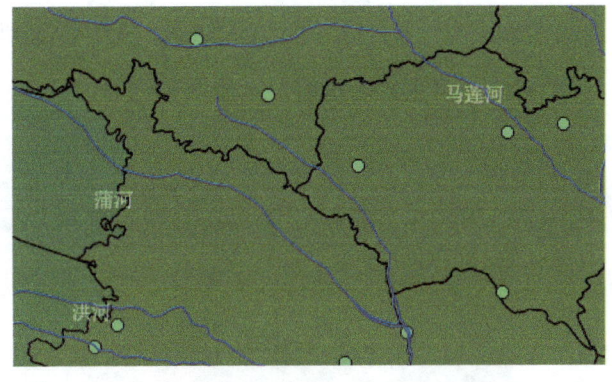

图 4-64　设置显示图层标签　　　　图 4-65　GIS 图层标签显示结果

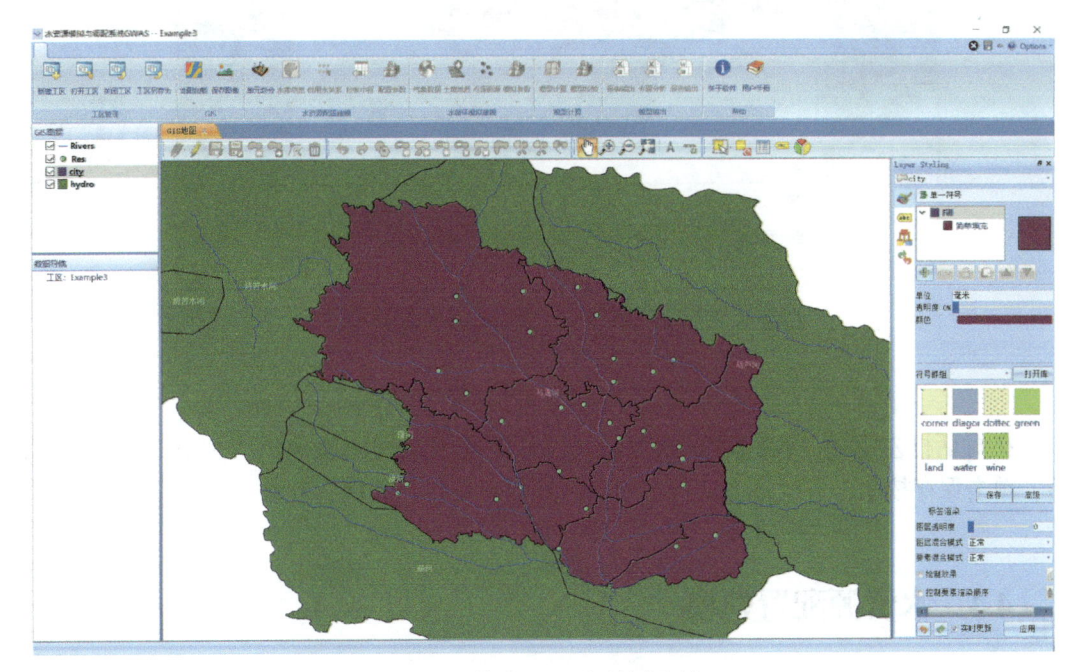

图 4-66　修改 GIS 图层填充颜色

4.3.4　保存图像

功能说明：一个简便的图像保存工具，无论当前显示的范围如何，都可以对整个工区的图像全部进行保存。

单击主工具栏中的保存图像按钮，如图 4-67 所示。

图 4-67　保存图像按钮

弹出 GIS 图层图像输出窗口，如图 4-68 所示。

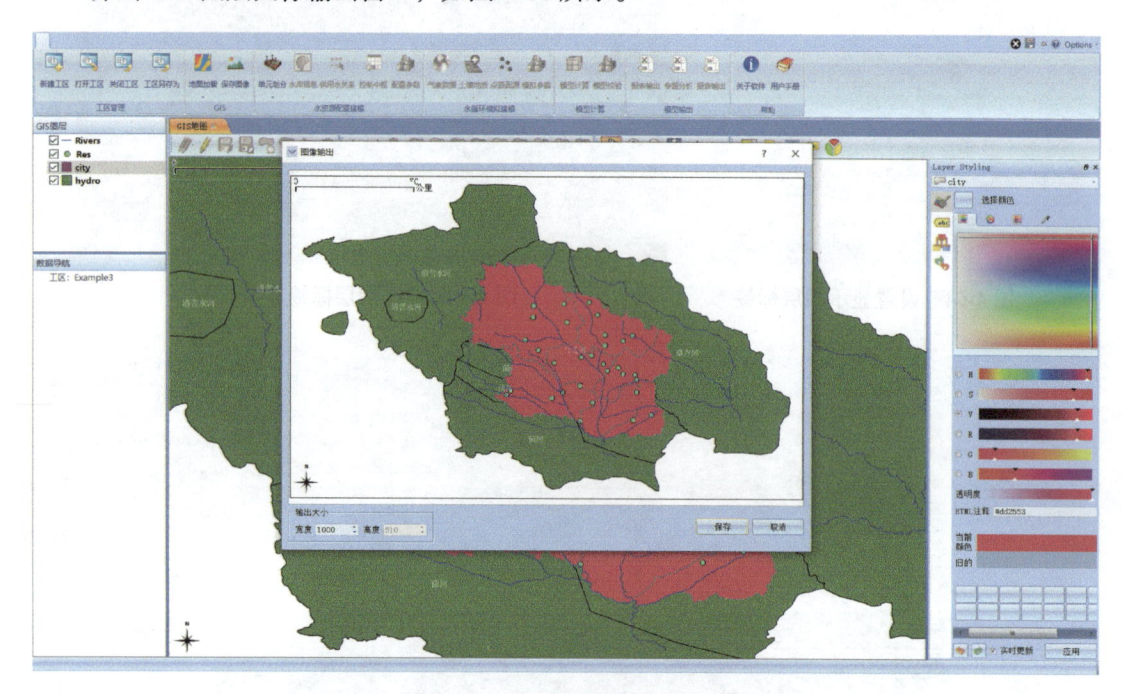

图 4-68　GIS 图层图像输出窗口

在对话框左下角，我们可以通过设置图像宽度来设置图像输出的大小。在完成设置后，单击保存按钮，可以将主窗口中的 GIS 图层以图像形式保存起来。

4.4　水资源配置建模

4.4.1　用水单元划分

1. 用水单元生成

功能说明：根据行政分区和流域分区，采用 GIS 叠加剖分原理，生成水资源配置基本计算单元（用水单元）。

行政分区图层：数据格式为 .shp 面域格式，其属性表应包括两个关键字段，即行政分区的名字 CNAME 和行政分区的唯一编码 CID，编码采用"国家—省—市—县—镇"的 8 位标准编码。

流域分区图层：数据格式为 .shp 面域格式，其属性表应包括两个关键字段，即流域分区的名字 WNAME 和流域分区的唯一编码 WID，编码采用国家水资源 10 个流域分区的 7 位标准编码。

行政分区图层和流域分区图层相应属性表如图 4-69、图 4-70 所示。

	AREA	PERIMETER	CNAME	CID
1	9233.37000000000	723.69600000000	环县	62102200
2	3815.79000000000	487.01000000000	华池	62102300
3	2986.09000000000	379.27100000000	合水	62102400
4	2686.01000000000	334.40600000000	庆阳	62100100
5	3516.27000000000	467.10800000000	镇原	62102700
6	2631.41000000000	323.07400000000	宁县	62102600
7	992.87700000000	163.44500000000	西峰	62100200
8	1343.09000000000	216.06600000000	正宁	62102500

图 4-69　GWAS 用水单元划分所需行政分区图层属性表

	AREA	PERIMETER	WNAME	WID
1	25084.758	967.080	清苦水河	D030200
2	43785.372	1071.138	茹河	D050302
3	24940.229	836.473	葫芦河	D050200
4	43785.372	1071.138	马莲河	D050303
5	43785.372	1071.138	蒲河	D050304
6	43785.372	1071.138	洪河	D050300
7	25084.758	967.080	清苦水河	D030200

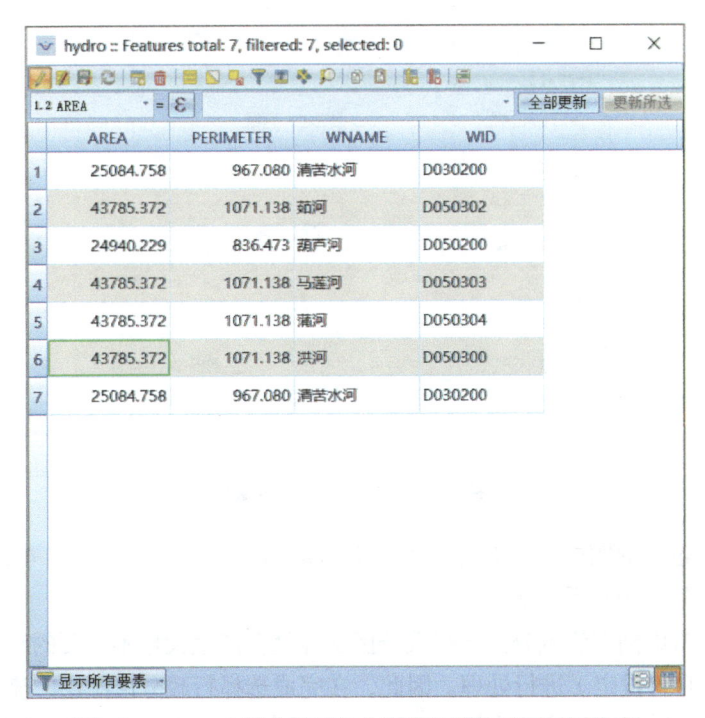

图 4-70　GWAS 用水单元划分所需流域分区图层属性表

软件操作步骤如下：

（1）单击主工具栏中单元划分按钮，如图 4-71 所示。

图 4-71　单元划分按钮

（2）弹出单元划分菜单，如图 4-72 所示。

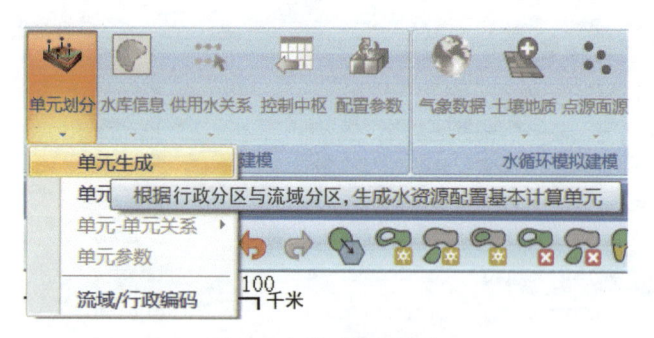

图 4-72　单元划分菜单

（3）单击"单元生成"，弹出单元划分对话窗口，如图 4-73 所示。

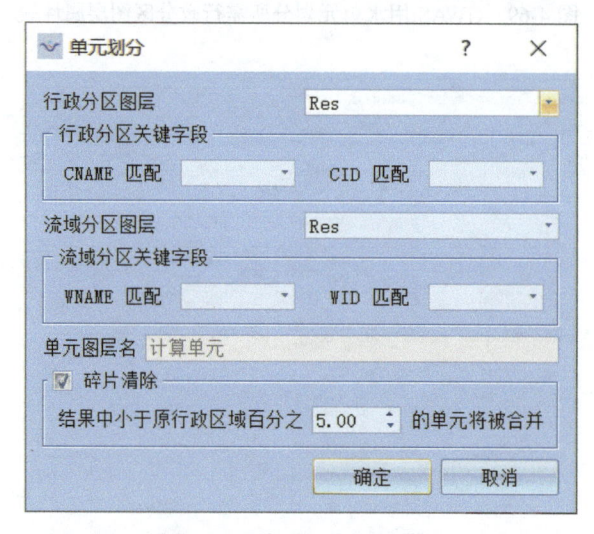

图 4-73　单元划分对话窗口

（4）在选择正确的图层后，软件界面中会自动匹配关键字段，如图 4-74 所示。如果没有自动匹配，则需要用户手动进行匹配。

（5）另外，考虑到在流域分区与行政分区交界处会产生大量不必要的碎片，可以按照碎片面积（用户可自行设定）进行处理。因此，在完成选择行政分区图层、流域分区图层及匹配关键字段后，可以勾选"碎片清除"功能，对结果中的碎片进行清除，如图 4-75 所示。

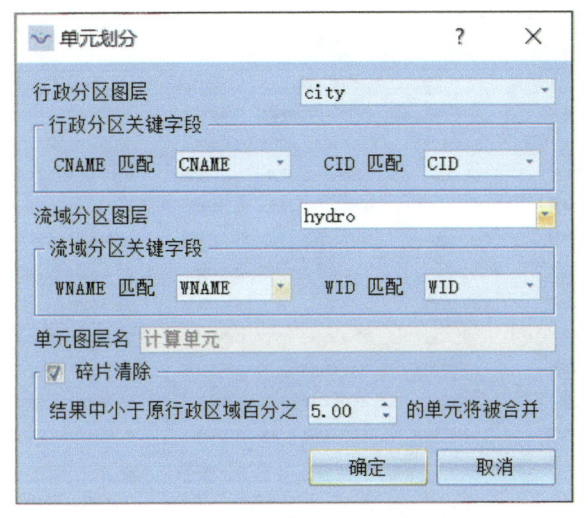

图 4-74 单元划分图层参数设置

图 4-75 单元划分碎片清除设置

图 4-76 为不使用碎片清除功能的效果，图 4-77 为使用碎片清除功能后的效果。由此可见，在使用碎片清除功能后不会出现很多碎小的计算单元。

图 4-76 不使用碎片清除功能的效果　　图 4-77 使用碎片清除功能后的效果

（6）在配置完成后，单击确定按钮，软件将按如下水资源配置单元生成规则进行计算：根据 GIS 叠加剖分原理，生成的水资源配置单元具有单元名字 UNAME、唯一编码 UID、单元面积 UAREA 等关键字段。

此外，在生成图层时，有以下几个操作。

（1）单元图层标记。

在完成单元图层的添加时，要在 .config 文件中添加一个记录，以标记工区中的单元图层是刚生成的这个图层。同时，标记行政分区图层、流域分区图层。

（2）自动生成单元编码。

在获得单元图层时，需要在图层属性表中自动新建一个"UID"字段，同时生成每个单元的 UID。UID 生成规则是这个单元的源流域分区编码（WID）+源行政分区编码（CID）。例如，如图 4-78 所示的 UID 就是由对应的 WID 和 CID 拼接到一起的。

	CNAME	CID	WNAME	WID	UID	UNAME	AREA	PERIMETER	单元ID
1	环县	62102200	清苦水河	D030201	D030201621022000	环县清苦水河	0.000000047372756	0.001494525314994	10
2	镇原	62102700	茹河	D050304	D050304621027000	镇原茹河	0.000000059078102	0.002000016902777	5
3	西峰	62100200	马莲河	D050301	D050301621002000	西峰马莲河	0.000000102367250	0.001597090252507	8
4	华池	62102300	葫芦河	D050201	D050201621023000	华池葫芦河	0.000000114274874	0.001884761111488	11
5	合水	62102400	葫芦河	D050201	D050201621024000	合水葫芦河	0.000000117935764	0.002078513199323	12
6	镇原	62102700	洪河	D050303	D050303621027000	镇原洪河	0.000000122139074	0.002168463166417	13
7	正宁	62102500	马莲河	D050301	D050301621025000	正宁马莲河	0.000000133269303	0.002204869244968	9
8	镇原	62102700	蒲河	D050302	D050302621027000	镇原蒲河	0.000000172578136	0.002778173093551	6
9	合水	62102400	马莲河	D050301	D050301621024000	合水马莲河	0.000000180559469	0.002565149157047	3
10	宁县	62102600	马莲河	D050301	D050301621026000	宁县马莲河	0.000000261605393	0.003309863406712	7
11	华池	62102300	马莲河	D050301	D050301621023000	华池马莲河	0.000000269222463	0.003949647301615	2
12	庆阳	62100100	马莲河	D050301	D050301621001000	庆阳马莲河	0.000000270868057	0.003277009330089	4
13	环县	62102200	马莲河	D050301	D050301621022000	环县马莲河	0.000000887894703	0.006818566836061	1

图 4-78 计算单元编码

（3）计算单元命名。

另外，还会自动生成一个 UNAME 字段，属性为字符串（长度为 32 字节），内容为行政区名+流域区名，如图 4-79 所示。

	CNAME	CID	WNAME	WID	UID	UNAME	AREA	PERIMETER	单元ID
1	环县	62102200	清苦水河	D030201	D030201621022000	环县清苦水河	0.000000047372756	0.001494525314994	10
2	镇原	62102700	茹河	D050304	D050304621027000	镇原茹河	0.000000059078102	0.002000016902777	5
3	西峰	62100200	马莲河	D050301	D050301621002000	西峰马莲河	0.000000102367250	0.001597090252507	8
4	华池	62102300	葫芦河	D050201	D050201621023000	华池葫芦河	0.000000114274874	0.001884761111488	11
5	合水	62102400	葫芦河	D050201	D050201621024000	合水葫芦河	0.000000117935764	0.002078513199323	12
6	镇原	62102700	洪河	D050303	D050303621027000	镇原洪河	0.000000122139074	0.002168463166417	13
7	正宁	62102500	马莲河	D050301	D050301621025000	正宁马莲河	0.000000133269303	0.002204869244968	9
8	镇原	62102700	蒲河	D050302	D050302621027000	镇原蒲河	0.000000172578136	0.002778173093551	6
9	合水	62102400	马莲河	D050301	D050301621024000	合水马莲河	0.000000180559469	0.002565149157047	3
10	宁县	62102600	马莲河	D050301	D050301621026000	宁县马莲河	0.000000261605393	0.003309863406712	7
11	华池	62102300	马莲河	D050301	D050301621023000	华池马莲河	0.000000269222463	0.003949647301615	2
12	庆阳	62100100	马莲河	D050301	D050301621001000	庆阳马莲河	0.000000270868057	0.003277009330089	4
13	环县	62102200	马莲河	D050301	D050301621022000	环县马莲河	0.000000887894703	0.006818566836061	1

图 4-79 计算单元命名

提示：流域分区与行政分区各自的 .shp 图层，其投影坐标格式应保持一致，否则不能进行单元划分。

对两个图层进行计算后，会获得一个新的图层，其名称为"计算单元"，并加入图层树中，如图 4-80 中蓝色所示。

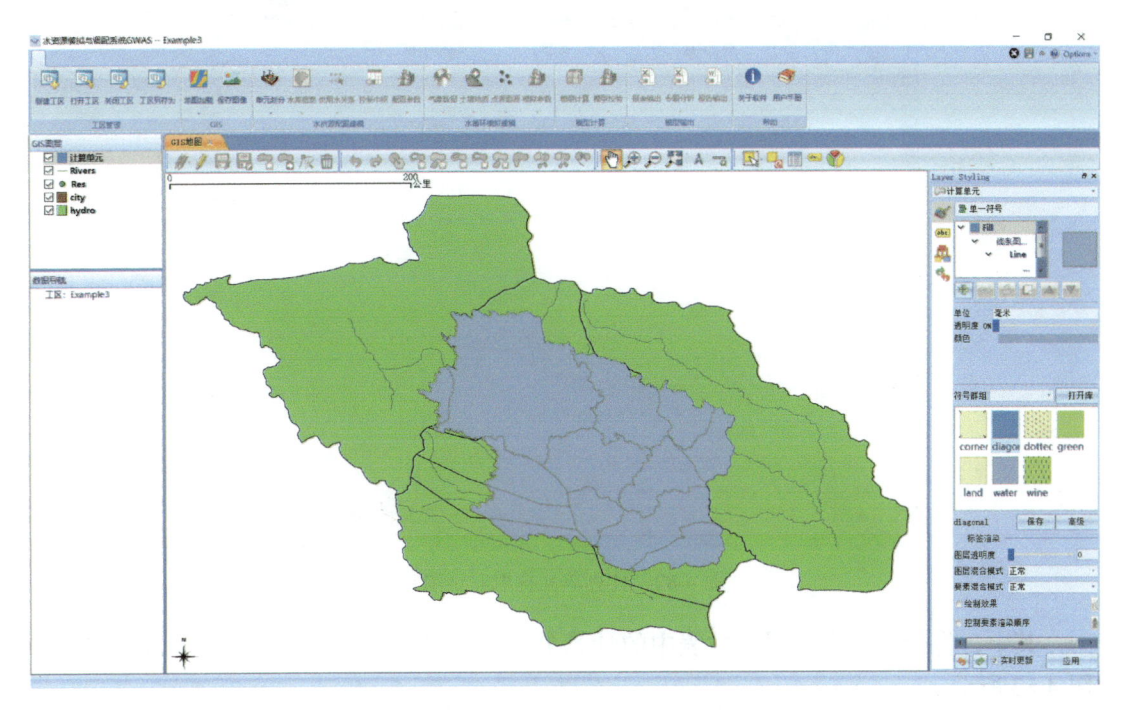

图 4-80　单元划分后的计算单元 GIS 图层显示

2. 单元提取和单元排序

1）单元提取

功能说明：根据行政分区与流域分区生成配置基本计算单元，并按照一定的关系从上游到下游进行排序，后面程序所用的所有单元相关的表格均按照此顺序进行编辑或读取。另外，排序后从 GIS 图层上提取各用水单元名称、面积、编码到数据库的用水单元信息表中。

单击主工具栏单元划分按钮，弹出菜单，如图 4-81 所示。

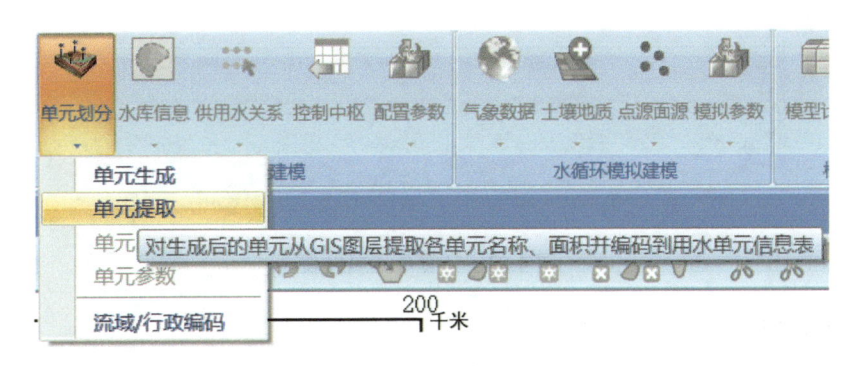

图 4-81　计算单元提取

单击"单元提取"，弹出单元提取对话窗口，如图 4-82 所示。

图 4-82 计算单元提取对话窗口

其中，将计算单元图层属性表中的计算单元名、面积、计算单元编码字段列出，如图 4-83 所示。

单元ID	计算单元名	面积	计算单元编码
1	环县马莲河	8.87895e-7	D05030162102200
2	华池马莲河	2.69222e-7	D05030162102300
3	合水马莲河	1.80559e-7	D05030162102400
4	庆阳马莲河	2.70868e-7	D05030162100100
5	镇原茹河	5.90781e-8	D05030462102700
6	镇原蒲河	1.72578e-7	D05030262102700
7	宁县马莲河	2.61605e-7	D05030162102600
8	西峰马莲河	1.02367e-7	D05030162100200
9	正宁马莲河	1.33269e-7	D05030162102500
10	环县清苦水河	4.73728e-8	D03020162102200

图 4-83 计算单元属性表

2）单元排序

从上到下的单元顺序是从上游到下游的顺序，此顺序与后期计算功能关系比较密切。默认提取的单元顺序是根据计算单元编码排列的。但是，这可能与实际不符，因此需要通过一定的方式进行排序。GWAS 软件支持以下 3 种排序方式。

（1）单元 ID 修改法。

双击单元 ID 列下的单元格，将其激活，此时该数字变为可编辑状态。可以通过输入数字或者单击右侧增大/减小按钮进行修改，例如，将 3 改为 2。在完成数字修改后，单击其他单元格，此时合水马莲河单元就会从第 3 行变为第 2 行，同时原来第 2 行的华池马莲河变到第 3 行，即进行了交换。

（2）导入顺序文件法。

在 GWAS 软件中可以通过导入单元名排序文件，或者导入单元编码排序文件，如图 4-84 所示。

图 4-84　计算单元导入顺序文件法

导入如图 4-85 所示的文件：单列其计算单元名。其中，计算单元名顺序就是希望导入软件的顺序，格式是表头 + 单元名。如果文件中的行数与软件中的单元数不同，则会有报错提示。

图 4-85　计算单元名排序 Excel 文件

在选择文件后，GWAS 软件会按照文件中的顺序进行排序，如图 4-86 所示。

（3）粘贴数据列排序法。

另外，也可以通过在 Excel 中复制数据列的形式进行单元排序，在 Excel 中选择单元名这一列复制后，到单元提取界面，右键单击空白处，弹出菜单（如果没有在 Excel 中复制成功，此菜单会被置为灰色），如图 4-87 所示。

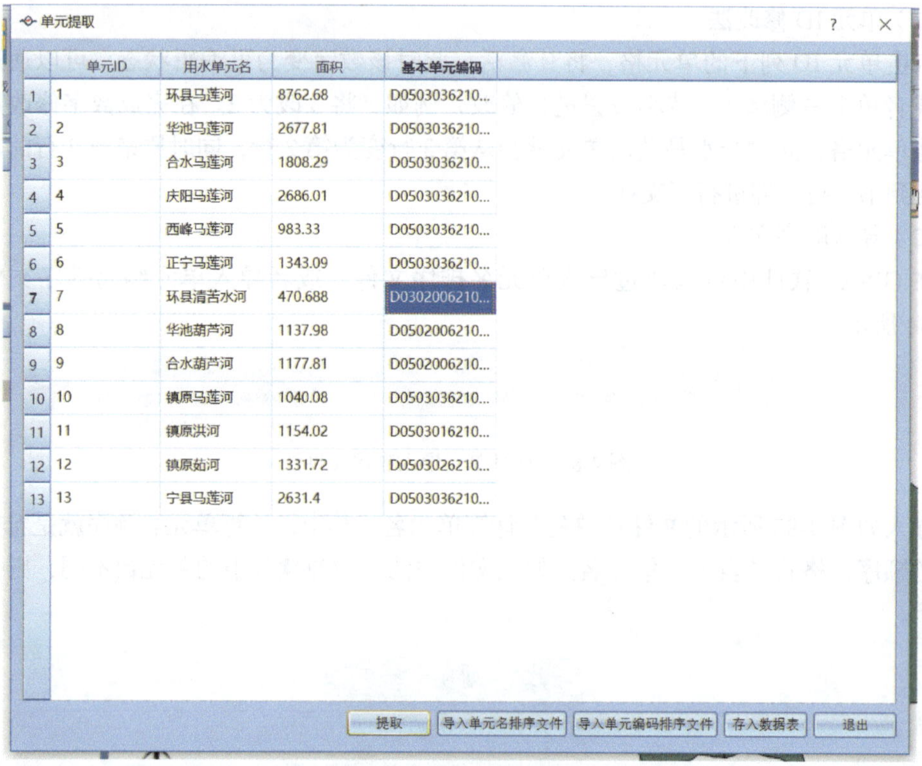

图 4-86　计算单元排序后结果

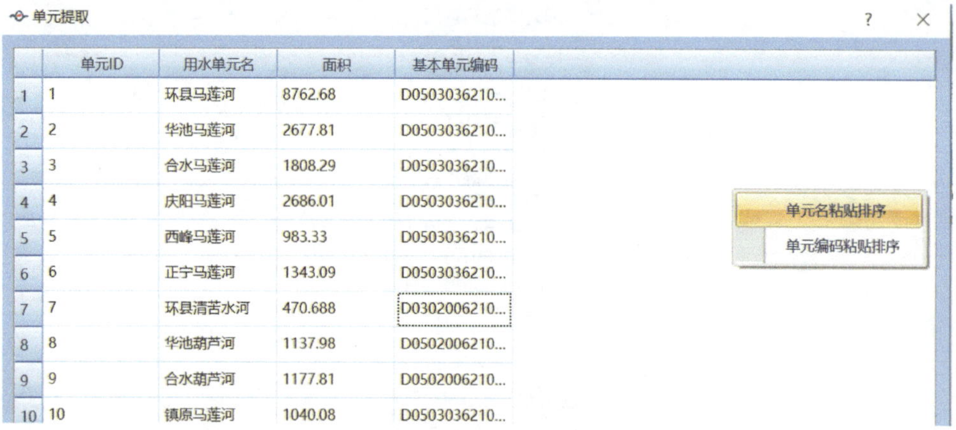

图 4-87　计算单元按照单元名粘贴排序

单击单元名粘贴排序，就可以将表格中的行按 Excel 中的内容排序。

此外，按照单元编码粘贴排序的操作与按照单元名粘贴排序的操作相同。

单击存入数据表，会弹出警告，如图 4-88 所示。

在单击是按钮后，清空用水单元系列下所有数据表，并将从 GIS 图层提取的用水单元名、面积、编码填写到用水单元信息表的用水单元名、面积和基本单元编码中，并弹出提示，如图 4-89 所示。

同时，在数据导航窗口中出现单元参数等节点，如图4-90所示。

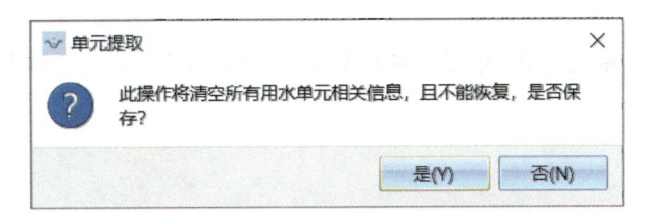

图4-88　将清空所有用水单元相关信息警告

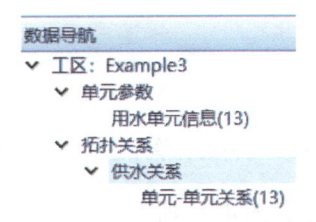

图4-89　计算单元提取完成　　　　图4-90　出现单元参数等节点

右键单击计算单元信息节点，可以查看其中的数据，如图4-91所示。

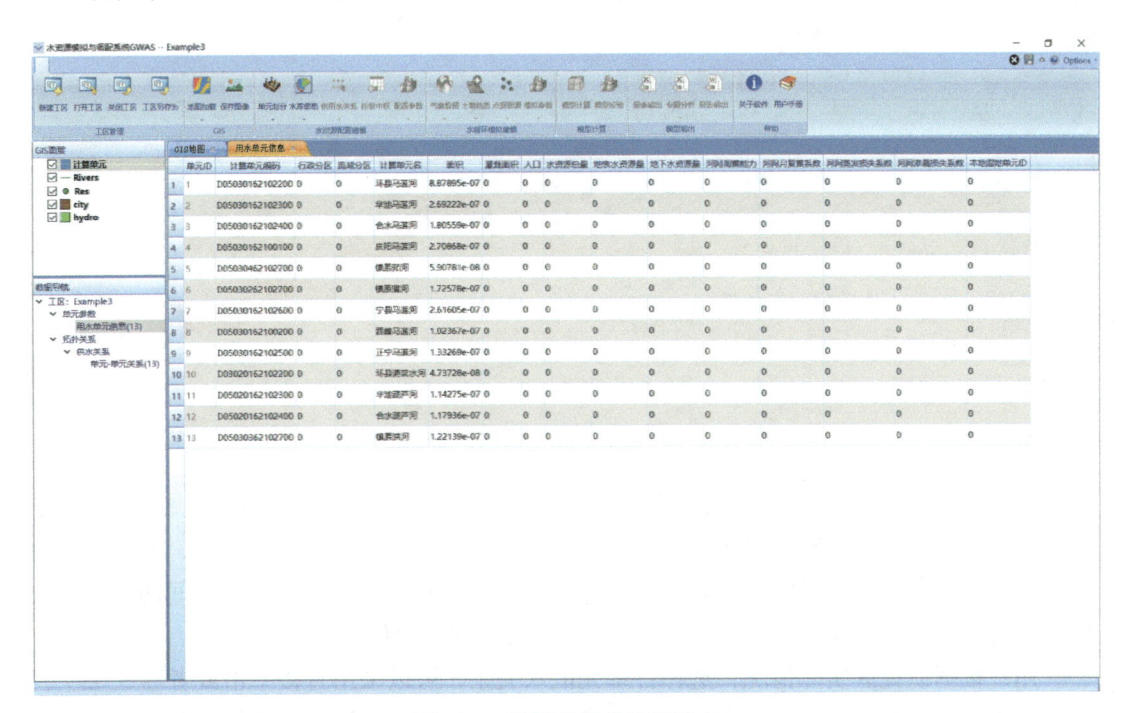

图4-91　计算单元信息属性表

3．单元—单元之间拓扑关系创建

功能说明： 反映研究区内单元的汇流关系或排水关系。

在提取计算单元时，将自身与自身生成单元—单元之间的拓扑关系，写入拓扑关系/

供水关系/单元—单元数据表,在数据树上右键单击该节点/查看数据,可以进行查看,如图4-92所示。

单击主工具栏中单元划分/单元—单元关系/表格创建也可以查看数据,如图4-93所示。

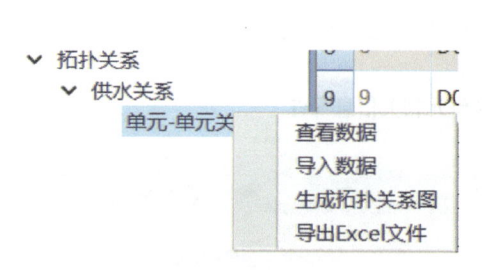

图4-92 在数据树查看单元—单元拓扑关系　　　图4-93 在工具栏查看单元—单元拓扑关系

拓扑关系如图4-94所示。

图4-94 单元—单元拓扑关系编辑

在图4-94中,表格横向、纵向均为单元名称,以单元ID为序进行排列。其中,带红色底色的对勾,意味着对应的横向单元向纵向单元供水;对角线以上为空白,象征着任何一个单元只能向它序号以后的单元供水,而不能反向供水;单元与其自身之间的对勾默认勾上,是因为算法认为水库与其自身是连通的,可以向自身供水。

用户根据研究区实际情况,选择各单元汇水关系,可以采用直接单击或者导入.csv表格的方式(导入方式对于一次梳理多次建模,或者有多个情景方案的情形,具有便捷性)。

本工区单元—单元关系如图4-95所示,请参考设置。

在单元—单元关系创建完成后,可以通过数据管理树中的生成拓扑关系图功能,生成一个GIS图层,用图形化的方式显示单元与单元之间的供用水关系。单击供水关系/单元—单元关系,选择右键菜单中生成拓扑关系图功能,如图4-96所示。

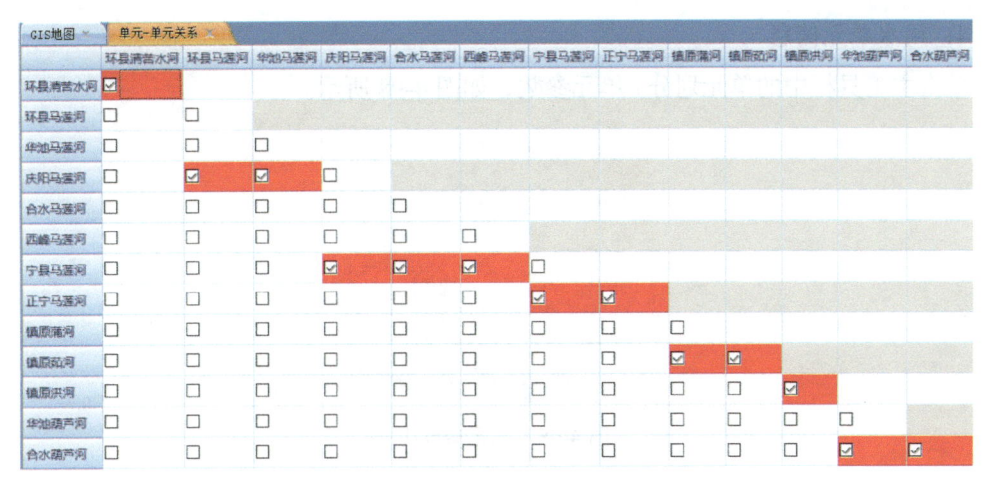

图 4-95 实例数据工区单元—单元关系

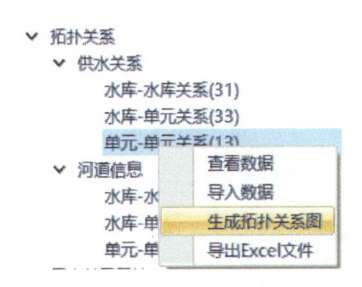

图 4-96 生成单元—单元拓扑关系图

此时，在 GIS 图层中出现单元—单元供水关系图层，以箭头指示单元之间的供用水关系，如图 4-97 所示。

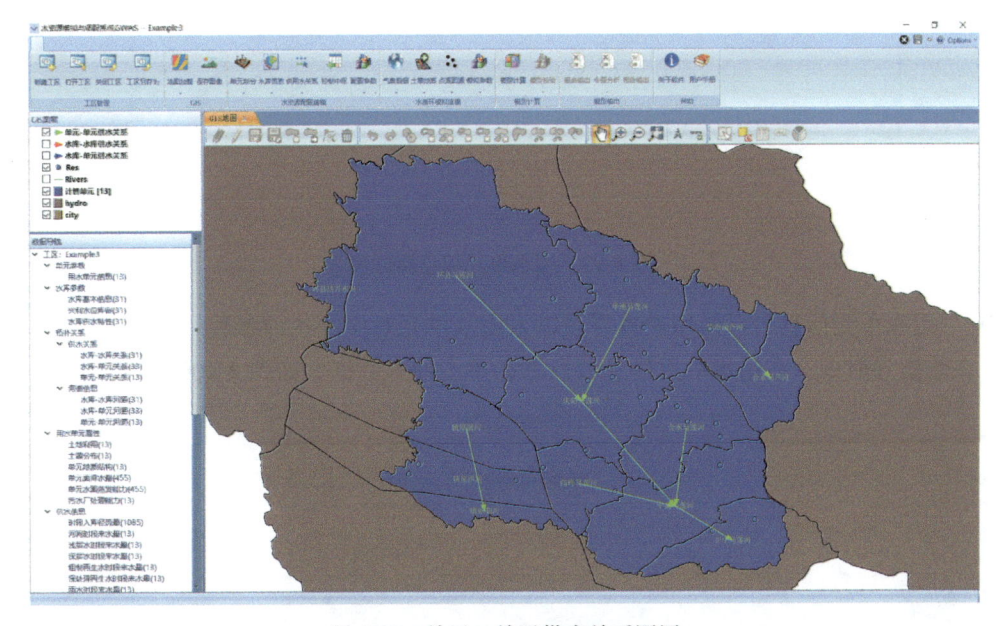

图 4-97 单元—单元供水关系图层

4．用水单元信息

单击主工具栏中的单元划分 / 单元参数，如图 4-98 所示。

图 4-98　单元参数功能

主窗口弹出表格，如图 4-99 所示。

图 4-99　用水单元信息属性表

其中，"用水单元信息"可供用户查看及输入用水单元对应的各种参数。

在数据导航中，在用水单元信息节点下，单击导入数据，如图 4-100 所示。

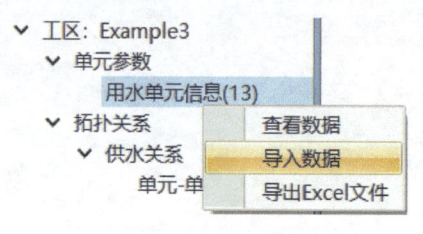

图 4-100　用水单元信息导入

弹出用水单元信息导入对话窗口如图 4-101 所示。

图 4-101　用水单元信息导入对话窗口

单击打开按钮，选择一个用水单元信息文件；随后，GWAS 软件会根据文件中的数据头（首行）自动填充表格中的"文件字段"列。当数据头与数据库字段相同时，自动填充；当数据头与数据库字段不同时，需要手动匹配。例如，如图 4-102 所示表中第 2～5 行的字段需要手动匹配，第 9 行"水资源总量"文件中无此数据，留空。

图 4-102　计算单元信息导入字段自动校验

单击导入按钮，将数据导入数据库，此时可以从表格中查询到数据，如图 4-103 所示。

图 4-103　用水单元信息导入后结果

双击某个单元格，可以激活数据，如图 4-104 所示。

通过输入或者单击数值增/减按钮，可以对数据进行修改。在完成修改后，该单元格会变成绿色高亮显示，如图 4-105 所示。

图 4-104　用水单元信息编辑　　　　图 4-105　用水单元信息编辑后高亮显示

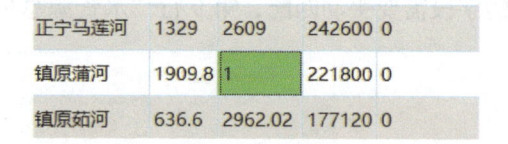

单击 GWAS 软件右上角的保存按钮，如图 4-106 所示，可以将修改保存到数据库中。如果没有保存相关修改，在关闭 GWAS 软件时也会弹出提示。

图 4-106　用水单元属性表保存

5．流域/行政编码

在完成单元提取操作后，本功能可以从得到的用水单元信息表中提取工区内流域区编码、行政区编码，并可以通过手动输入的方式对缺失的编码进行补充。

单击主工具栏中单元划分按钮，单击流域/行政编码，如图 4-107 所示。

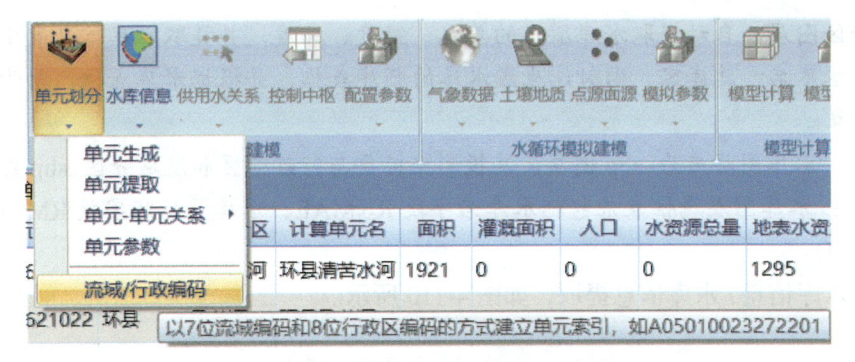

图 4-107　计算单元不同层级编码索引建立

弹出对话窗口,其中的表格是空白的,如图 4-108 所示。

单击从单元提取按钮,GWAS 软件会将相关数据提取到表格中,如图 4-109 所示。

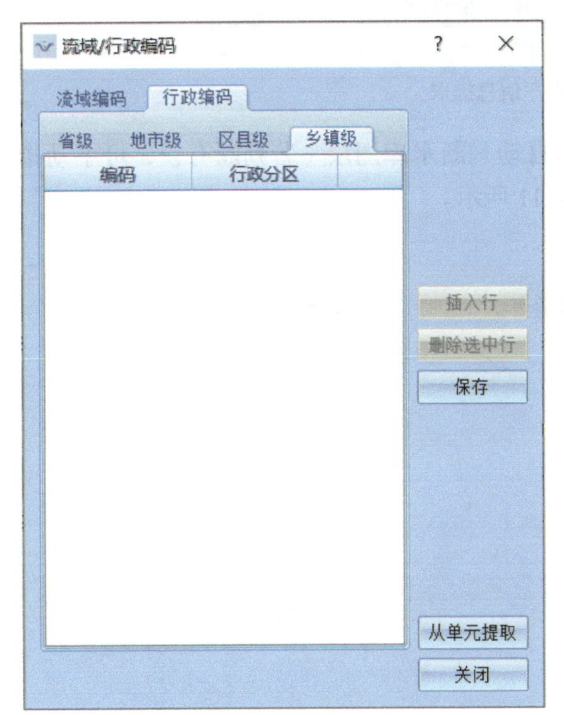

图 4-108　计算单元不同层级编码索引定制　　图 4-109　计算单元不同层级行政编码导入

用户可以双击表格中的单元格对信息进行修改。在完成修改后,单击保存按钮,将数据保存到工区数据库中。

4.4.2　水库信息

1. 水库信息提取和水库排序

1)水库信息提取

功能说明:水库信息提取是指读入水库分布 .shp 图层,GWAS 软件可以根据水库点位和行政分区图层，自动提取水库所在的单元、经度、纬度，并提取水库信息表中的部分信息，包括水库名、总库容。同时，生成水库的顺序表格，并根据水库点位，初步给定水库的供水对象。

提示：水库图层应为 .shp 图层，其投影坐标要与行政分区和流域分区 .shp 图层的投影坐标一致；水库图层属性表应包括水库名字段 RNMAE、水库总库容字段 RMVOL、水库编码字段 ID。

单击水库信息/水库信息提取，如图 4-110 所示。

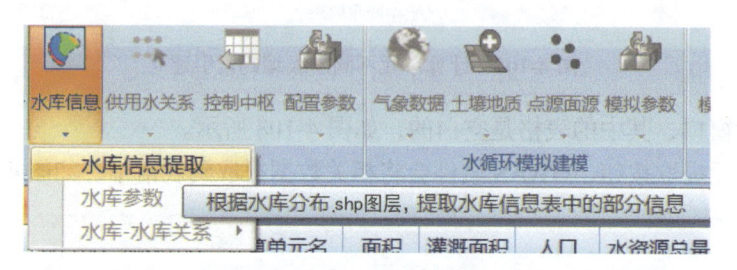

图 4-110　水库信息提取

GWAS 软件会根据此前单元划分等操作自动判断水库图层（若判断有误，可手动指定），并弹出水库信息提取对话窗口，如图 4-111 所示。

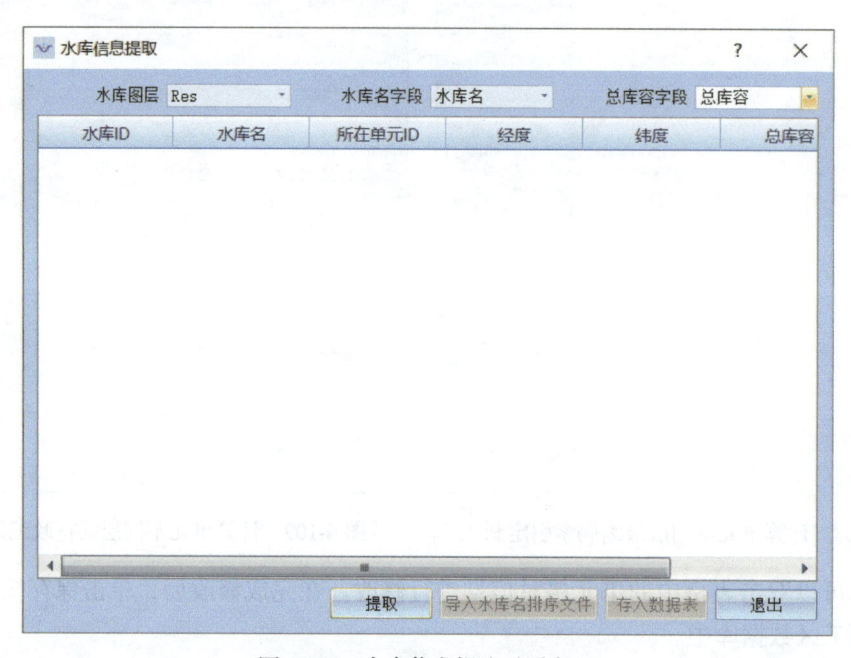

图 4-111　水库信息提取对话窗口

水库名：来自水库图层的水库名字段。

所在单元 ID：水库点位在单元图层中会在某个单元中，这个单元的 UID 字段就是水库所在的单元名。

经度、纬度：从水库图层中的水库点提取。

总库容：来自水库图层中的总库容字段。

单击提取按钮，得到水库信息提取结果，如图 4-112 所示。

图 4-112　水库信息提取结果

2）水库排序

水库排序方法：类似配置基本计算单元，可采用水库名粘贴排序的方式；在完成排序后，用户仍可以手动进行微调，最终确定水库顺序的排列。

单击存入数据表，弹出水库信息提取保存对话窗口，如图 4-113 所示。

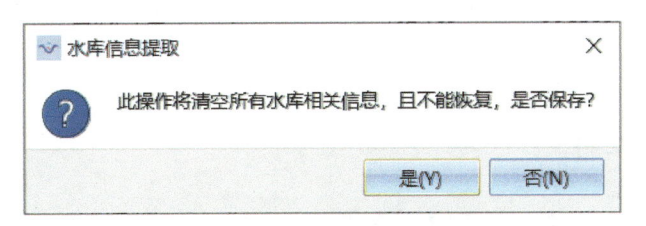

图 4-113　水库信息提取保存对话窗口

单击是，将数据保存到数据库中，如图 4-114 所示。

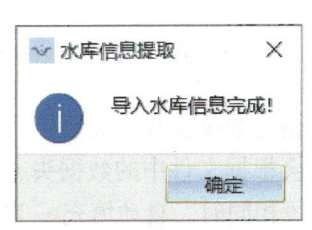

图 4-114　生成水库属性表，并保存到工区

同时，在数据导航中出现水库相关信息数据表，如图4-115所示。

2. 水库属性参数加载

水库属性参数包括水库基本信息、兴利水位库容、水库供水特性3种。

1）水库基本信息加载

提取水库信息后，右键单击数据导航/水库参数/水库基本信息，在菜单中右键单击导入数据，如图4-116所示。

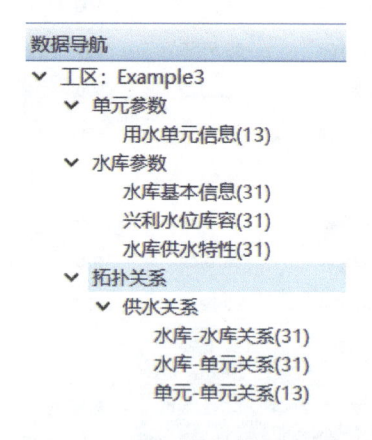

图 4-115　水库相关信息数据表导航　　　　图 4-116　水库基本信息导入

打开水库基本信息加载对话窗口，如图4-117所示。

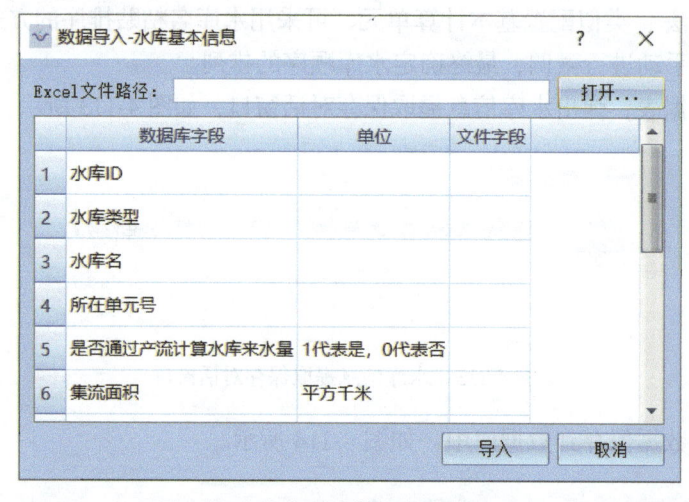

图 4-117　水库基本信息加载对话窗口

选择与工区对应的水库基本信息数据文件（需要自行在Excel中编辑）。如图4-118所示，在选择一个文件之后，软件会根据文件中的数据头（首行）自动填充表格中的"文件字段"列。当数据头与数据库字段相同时，自动填充；当数据头与数据库字段不同时，需要手动匹配。在完成匹配之后，单击导入按钮，将数据导入数据库中。

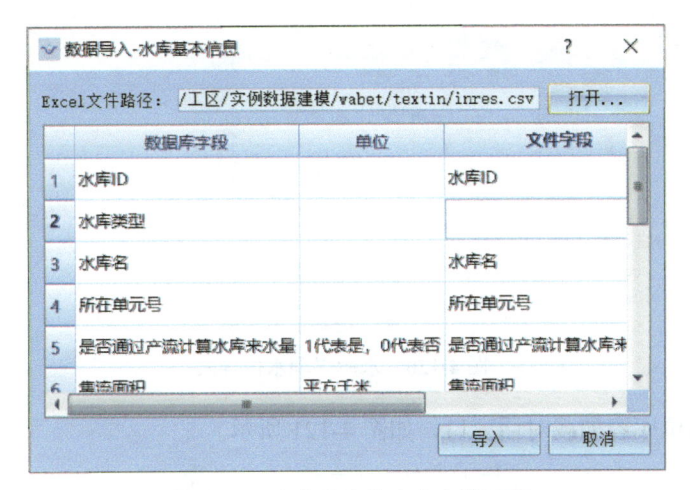

图 4-118　水库基本信息表字段匹配

在完成数据导入后,在数据导航的对应节点上右键单击查看数据,可以通过表格形式进行查看,如图 4-119 所示。

图 4-119　水库基本信息导入结果

2)兴利水位库容加载

加载兴利水位库容与加载水库基本信息类似,在数据导航中右键单击水库参数/兴利水位库容/导入数据,如图 4-120 所示。

图 4-120 水库兴利水位导入

弹出兴利水位库容加载对话窗口,如图 4-121 所示。

图 4-121 兴利水位库容加载对话窗口

在选择某个文件后,将其导入。

3)水库供水特性加载

同样的方式对水库供水特性进行导入,如图 4-122 所示。

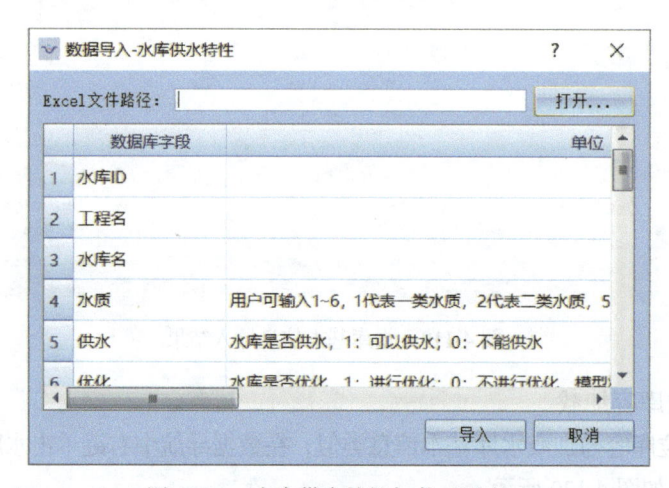

图 4-122 水库供水特性加载对话窗口

水库供水特性如图 4-123 所示，其中，1 代表供水为一类水质，0 表示无此供水。

图 4-123　水库供水特性导入结果

3. 水库—水库关系

1）由地图构建水库—水库关系

水库—水库关系指的是水库之间的供水关系，即数据树 / 拓扑关系 / 供水关系 / 水库—水库关系节点上的数据。

单击主工具栏中水库信息 / 水库—水库关系 /GIS 创建，如图 4-124 所示。

图 4-124　GIS 创建工具

此时，GIS 窗口中的各种编辑功能禁用，当前图层切换到水库图层。用鼠标左键单击水库点，会弹出对话窗口，如图 4-125 所示。

本水库：显示本水库的水库名，在水库图层的水库名字段；

流域分区：列出流域分区表中的三级区，除此之外还包括一个全部选项；默认选项是本水库根据水库基本信息表的所在单元名字段寻找其隶属的单元所在的流域分区（通过用水单元信息表中的基本单元编码字段前 7 位，到流域分区表中查询），此下拉选项筛选出本流域分区的水库名列到下方。同时，只能列出比本水库顺序号高的水库。

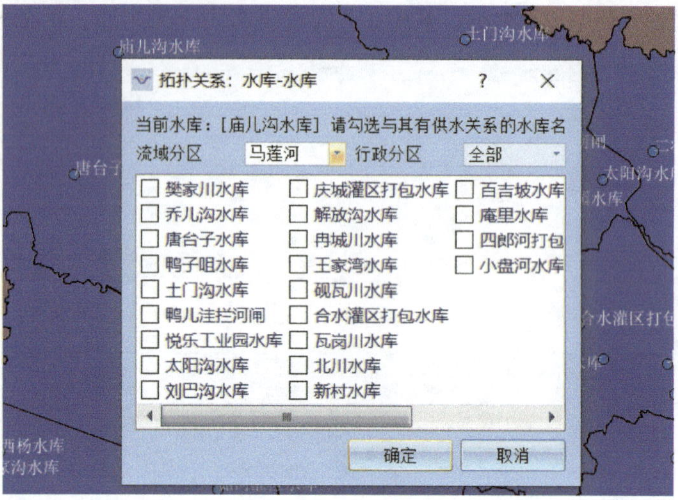

图 4-125　水库—水库关系 GIS 点建立

行政分区：列出行政分区表中的行政区，除此之外还包括一个全部选项；默认选项是本水库根据水库基本信息表的所在单元名字段寻找其隶属的单元所在的行政区（通过用水单元信息表中的基本单元编码字段后 6 位，到行政分区表中查询），此下拉选项筛选出本行政分区的水库名列到下方。

流域分区和行政分区两个选项共同决定了下方水库列表中的水库名，显示结果为二者取交集的结果。

勾选某些水库名称，单击确定按钮，则建立了本水库与这些水库的供水关系，即在如图 4-126 所示的表中，以当前水库为横向，以被勾选的水库为纵向，其单元格值设置为 1。

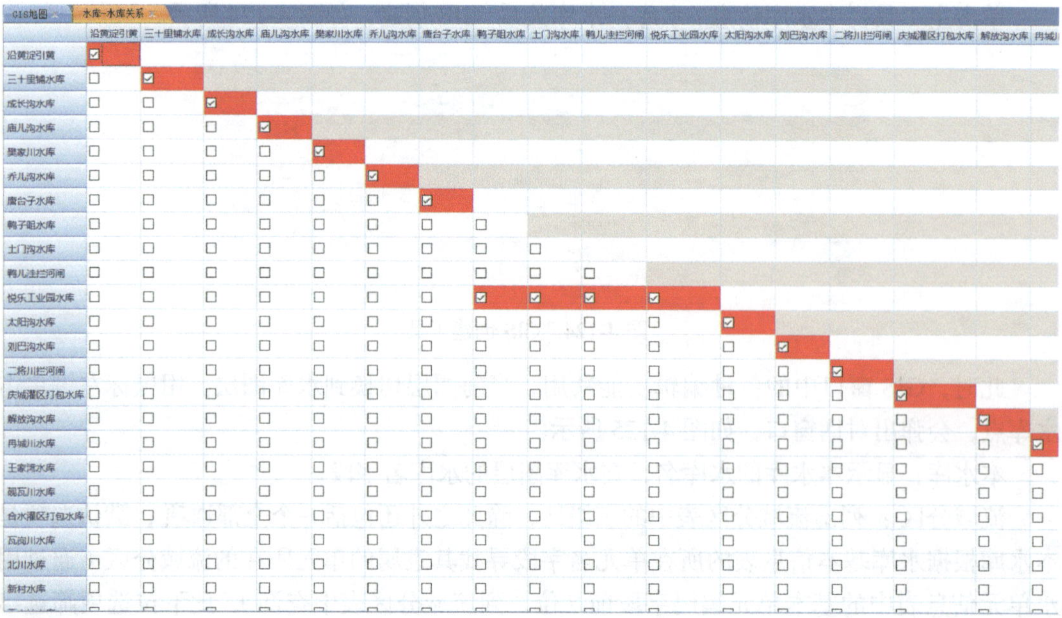

图 4-126　水库—水库关系表建立

2）由表格创建水库—水库关系

单击主工具栏中水库信息/水库—水库关系/表格创建，如图4-127所示。

图4-127　表格创建工具

弹出表格，如图4-128所示。

图4-128　水库—水库关系表创建结果

横向标题和纵向标题来自基础信息中的水库信息表，数据分别为"1"和"0"。"1"代表两个水库之间存在连通关系，在表格中以"√"进行标记；"0"代表两个水库无连通关系，在表格中以"□"标记。

在进行水库—水库关系创建时，也应该遵循一列不能有两个"√"，以及上半部分不应该有"√"的规则。在勾选新的"√"时，应去掉原有列的"√"。

双击某个单元格，可以将其中的内容进行切换，在修改后以蓝色填充单元格。单击右上角保存按钮将其保存，若直接关闭表格窗口或者软件，则会提示保存数据。

其他两个拓扑关系的创建也类似。

3）生成水库—水库供水关系拓扑图

完成水库—水库关系创建后，在数据树水库—水库关系右键菜单中单击生成拓扑关系图，如图 4-129 所示。

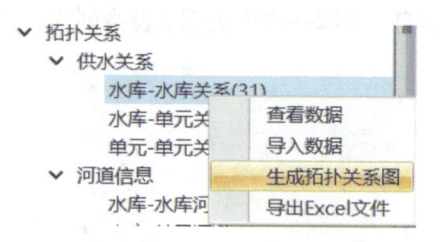

图 4-129 生成水库—水库拓扑关系图

生成的拓扑关系图层如图 4-130 所示。

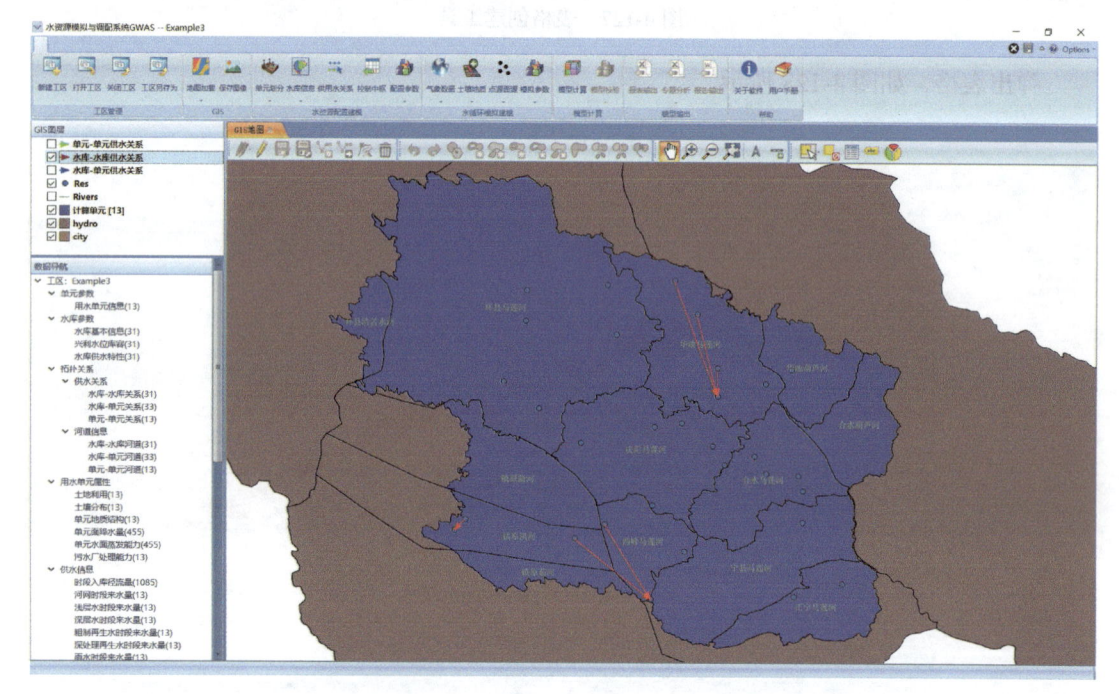

图 4-130 水库—水库拓扑关系图层

4.4.3 供用水关系

供用水关系指的是拓扑关系中的水库—单元关系，即哪个水库向哪个单元供水。

单击主工具栏中供用水关系／水库—单元关系／表格创建或 GIS 创建，如图 4-131 所示。

图 4-131 供用水关系创建

供用水关系的创建与水库—水库关系的创建类似，此处不再详细介绍。

4.4.4 控制中枢

功能说明：控制中枢用来控制模型的运行方式，以及研究区的水源水量水质、用户情况，并根据研究区实际情况进行定制。

单击主工具栏中控制中枢按钮，如图4-132所示。

图 4-132　控制中枢按钮

弹出控制中枢窗口，如图4-133所示。

图 4-133　控制中枢窗口

单击详细说明按钮，控制中枢窗口右侧会滑出每个参数的详细说明，该说明可以指导用户进行填写，如图 4-134 所示。

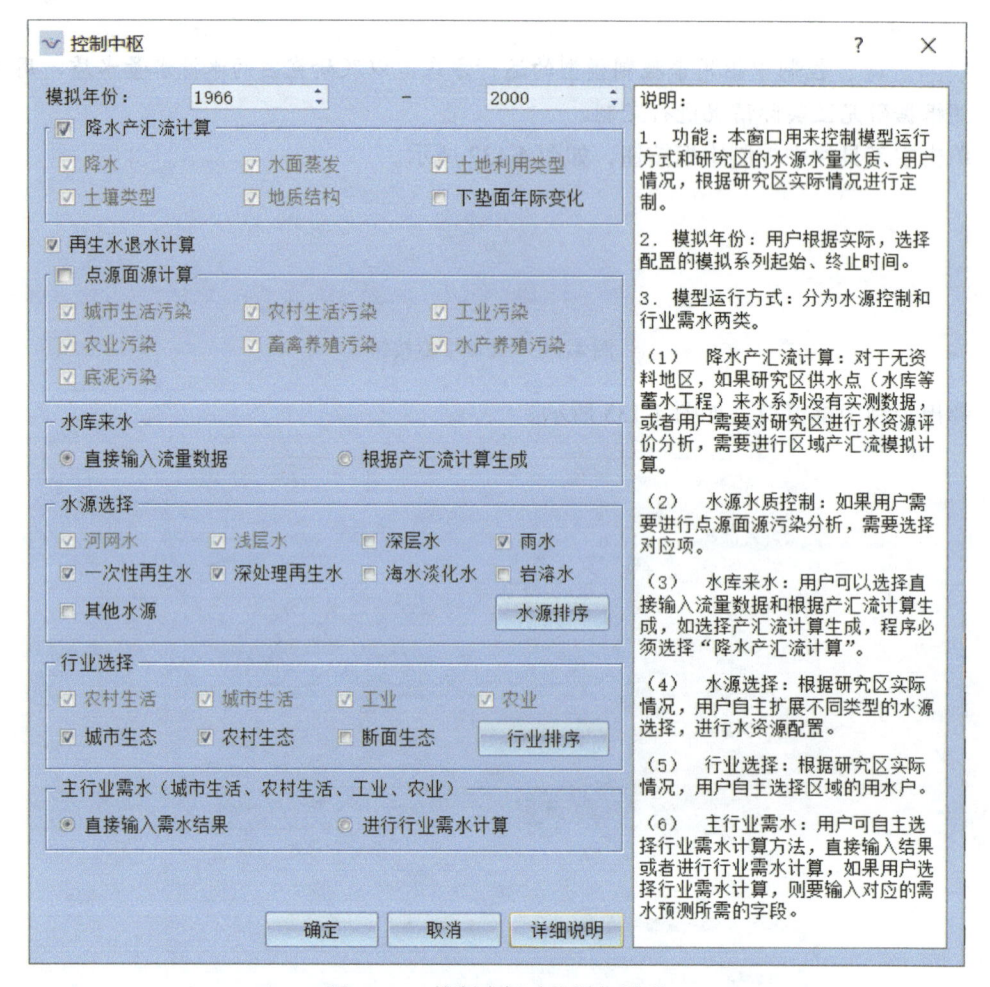

图 4-134　控制中枢功能详细说明

1．降水产汇流

对于无资料地区，如果研究区供水点（水库等蓄水工程）来水系列没有实测数据，或者用户需要对研究区进行水资源评价分析，需要进行区域产汇流模拟计算。

勾选降水产汇流计算，则窗口中出现水库来水、水源选择两个分组框，如图 4-135 所示；若不勾选，则这两个分组框会被隐藏。

2．点源面源计算

如果用户需要进行点源面源污染分析，请选择点源面源计算项。

3．水库来水

用户可以选择直接输入流量数据，也可以选择根据产汇流计算生成。如果选择根据产汇流计算生成，程序必须选择降水产汇流计算。

在勾选以上项目后单击确定，则数据树中相应节点会有显示，供用户输入数据。

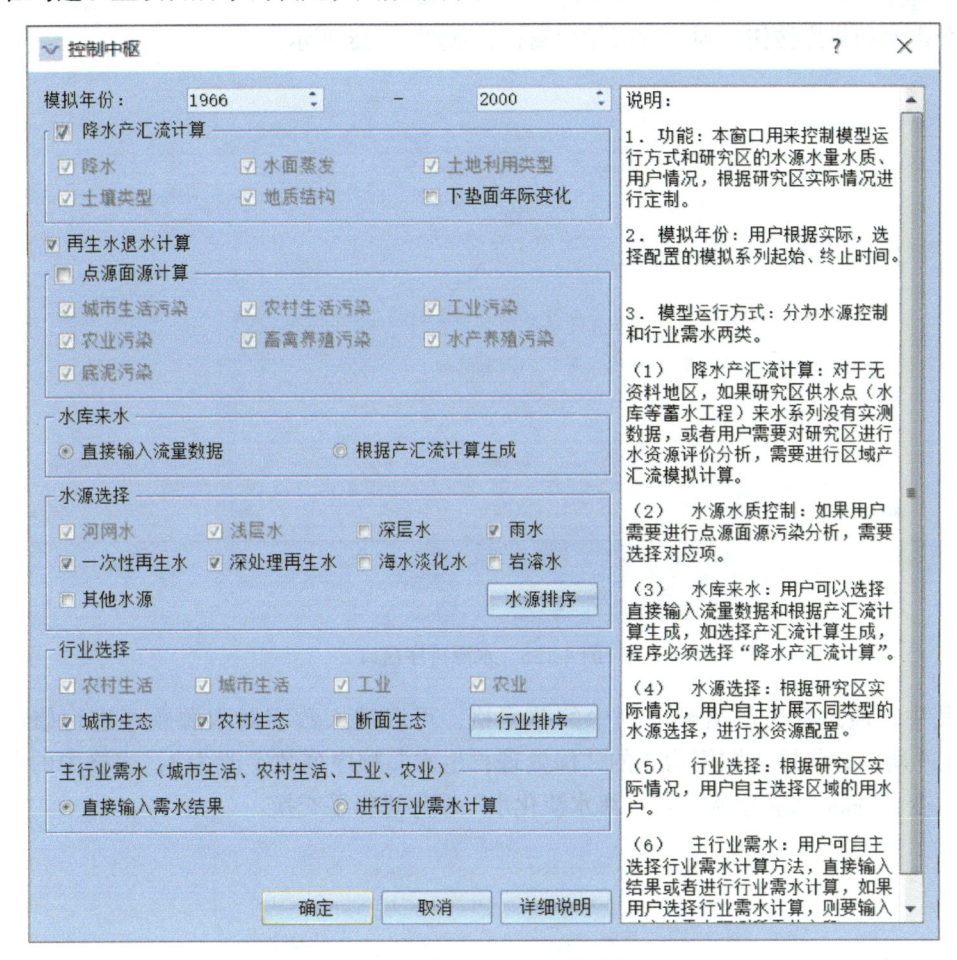

图 4-135　勾选降水产汇流计算时窗口界面

4．水源选择

根据研究区实际情况，用户可以自主扩展不同类型的水源，进行水资源配置，如图 4-136 所示。

当水源选择可选框被勾选后，对应的其他水源属性数据树节点才显示，否则被隐藏，如图 4-137 所示。

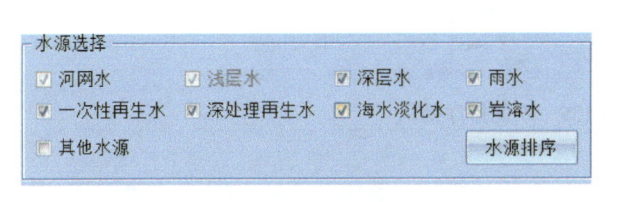

图 4-136　水源选择

图 4-137　控制中枢水源选择后导航窗口实时响应

5．水源排序

单击水源排序按钮，弹出水源排序窗口，如图 4-138 所示。

图 4-138　水源排序窗口

其中，通过双击激活顺序列中的单元格，可以键入数字对水源顺序进行修改，如图 4-139 所示，将原本顺序为 3 的"深处理再生水"顺序列数字改为 4，表格中的顺序也随之改变，"深处理再生水"与"海水淡化水"顺序进行了交换。

图 4-139　水源排序结果

6．行业选择

根据研究区实际情况，用户自主选择区域的用水户。在勾选进行行业需水计算时，数据树中的单元行业需水节点显示，否则被隐藏，如图 4-140 所示。

> 单元行业需水
> 　　城市生活时段需水量(13)
> 　　农村生活时段需水量(13)
> 　　工业时段需水量(13)
> 　　农业时段需水量(455)
> 　　城市生态时段需水量(13)
> 　　农村生态时段需水量(13)

图 4-140　控制中枢主行业需求选择后导航窗口实时响应

7．行业排序

同样，可以通过窗口中的行业排序功能对行业进行排序，操作方法与水源排序相同，如图 4-141 所示。

图 4-141　行业排序窗口

另外，特殊需水量可以选下面的可选框，如图 4-142 所示。

图 4-142　行业选择

若不勾选，则对应的 3 个水源属性需求节点会被隐藏，如图 4-143 所示。

> 城市生态时段需水量(13)
> 农村生态时段需水量(13)
> 出境断面河道生态基流量(13)

图 4-143　控制中枢行业选择后导航窗口实时响应

8．主行业需水

用户可自主选择行业需水计算方法，直接输入结果或者进行行业需水计算。如果用户选择进行行业需水计算，则要输入对应的需水预测所需的字段。

4.4.5 配置参数

功能说明：配置参数被用户用于控制水资源配置模型，进行供水、需水及相关参数的设定和输入，包括供水时段数据、需水时段数据、供水权重参数、河道蒸渗参数 4 类数据。

1. 供水时段数据

供水时段数据包括水库、本地河网、浅层水等 9 种。其中，水库、本地河网、浅层水是默认可用选项，其他选项需要在控制中枢中进行勾选方可使用。例如，在控制中枢中不勾选"海水淡化水""岩溶水""其他水源"，这些水源就不能录入，如图 4-144 所示。

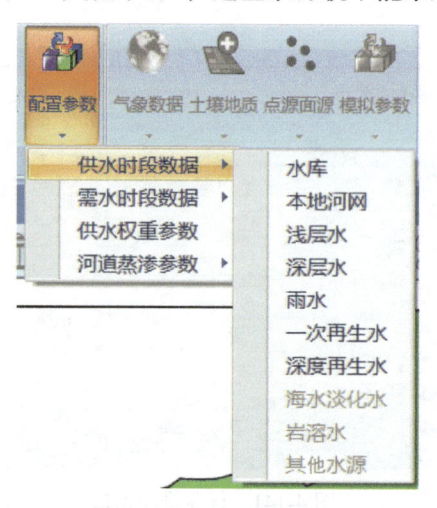

图 4-144　供水时段数据受控制中枢功能影响

本节以加载时段入库径流量，即水库供水时段数据为例说明数据导入步骤。

在数据导航窗口，在供水信息/时段入库径流量菜单中右键单击导入数据，在之后打开的窗口中，可以选择一个数据文件进行导入，如图 4-145 所示。

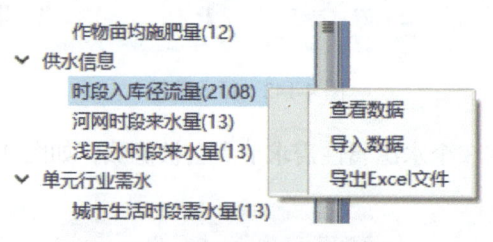

图 4-145　时段入库径流数据导入

在弹出的窗口中选择时段入库径流量文件，如图 4-146 所示。该文件内容为水库 ID 对应的各时段（逐年逐月）数据，单位为万立方米，如图 4-147 所示。

其他供水时段数据的导入与时段入库径流量相似，但不存在年份字段，即输入的是一个代表整体情况的数据，如图 4-148 所示。

图 4-146　时段入库径流量导入窗口

图 4-147　时段入库径流量导入数据

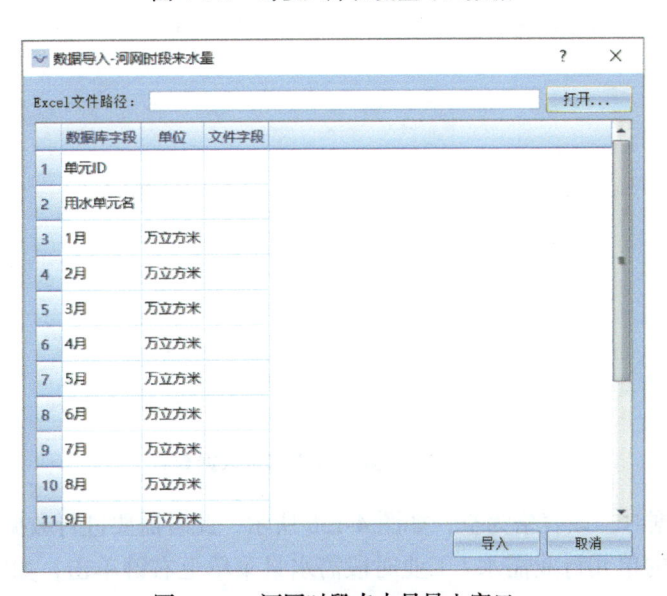

图 4-148　河网时段来水量导入窗口

2. 需水时段数据

功能说明：输入行业需水（城市生活、农村生活、工业、农业、城市生态、农村生态等）时段的需水数据。

单击主工具栏中配置参数/需水时段数据，其中包括农村生活、城市生活等7种需水项目，其中城市生态、农村生态、断面流量3种需水项目要在控制中枢的行业选择中勾选过，才会变成可用，如图4-149所示。

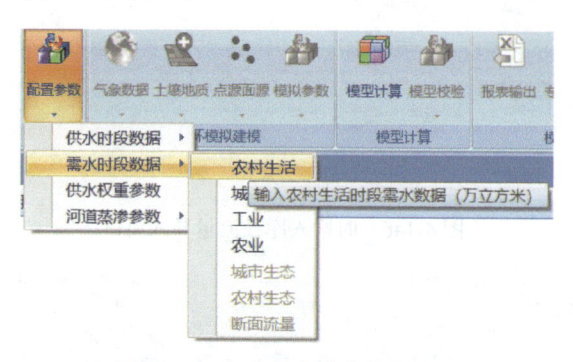

图4-149 行业时段需水数据查看

单击某项时段需水数据项，如工业时段需水量，就可以打开对应的数据表格，如图4-150所示。

单元ID	用水单元名	1月	2月	3月	4月	5月	6月	7月	8月	9月	10月	11月	12月	全年
1	1	环县马莲河	0	0	0	0	0	0	0	0	0	0	0	0
2	2	华池马莲河	0	0	0	0	0	0	0	0	0	0	0	0
3	3	合水马莲河	0	0	0	0	0	0	0	0	0	0	0	0
4	4	庆阳马莲河	0	0	0	0	0	0	0	0	0	0	0	0
5	5	镇原茹河												
6	6	镇原蒲河												
7	7	宁县马莲河												
8	8	西峰马莲河	0	0	0	0	0	0	0	0	0	0	0	0
9	9	正宁马莲河												
10	10	环县清苦水河	0	0	0	0	0	0	0	0	0	0	0	0
11	11	华池葫芦河												
12	12	合水葫芦河												
13	13	镇原洪河												

图4-150 工业时段需水量数据查看

在未导入数据时，该表格为空，如图4-150所示，此时需要进行数据输入或导入。

在数据导航的单元行业需水/工业时段需水量菜单上右键单击，如图4-151所示。选择导入数据，导入一个.csv文件，如图4-152所示。

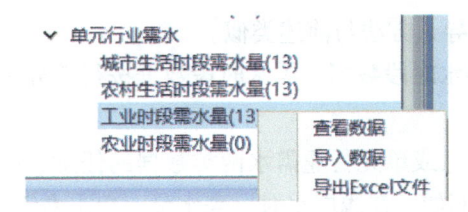

图 4-151　工业时段需水量数据导入

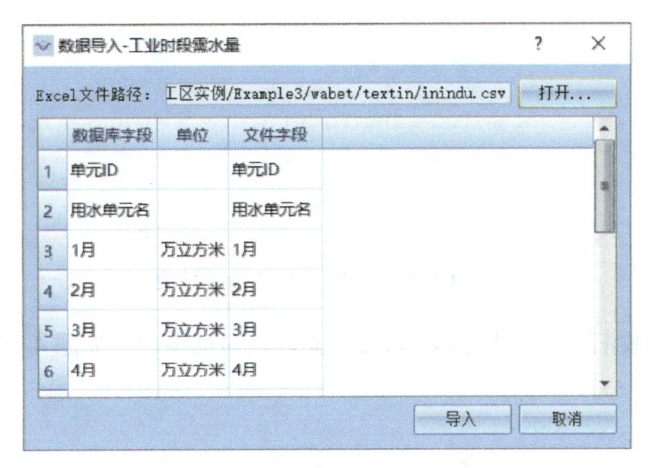

图 4-152　工业时段需水量数据导入表字段匹配

数据格式如下。

（1）农业时段需水量，按照单元 ID 顺序输入各时段（逐年逐月）的数据，农业时段需水量需要考虑降水、蒸发、地下水利用等气象水文因素，单位为万立方米。

（2）其他行业时段需水量，按照单元 ID 顺序输入各时段（年内 1—12 月）的数据。

单击导入，将数据导入数据库，结果如图 4-153 所示。

	单元ID	用水单元名	1月	2月	3月	4月	5月	6月	7月	8月	9月	10月	11月	12月	全年
1	1	环县蒲苦水河	0	0	0	0	0	0	0	0	0	0	0	0	0
2	2	环县马莲河	39.41	39.41	39.41	39.41	39.41	39.41	39.41	39.41	39.41	39.41	39.41	39.41	472.92
3	3	华池马莲河	128.13	128.13	128.13	128.13	128.13	128.13	128.13	128.13	128.13	128.13	128.13	128.13	1537.56
4	4	庆阳马莲河	240	240	240	240	240	240	240	240	240	240	240	240	2880
5	5	合水马莲河	25.75	25.75	25.75	25.75	25.75	25.75	25.75	25.75	25.75	25.75	25.75	25.75	309
6	6	西峰马莲河	188	188	188	188	188	188	188	188	188	188	188	188	2256
7	7	宁县马莲河	67.6	67.6	67.6	67.6	67.6	67.6	67.6	67.6	67.6	67.6	67.6	67.6	811.2
8	8	正宁马莲河	17.54	17.54	17.54	17.54	17.54	17.54	17.54	17.54	17.54	17.54	17.54	17.54	210.48
9	9	镇原蒲河	39.47	39.47	39.47	39.47	39.47	39.47	39.47	39.47	39.47	39.47	39.47	39.47	473.64
10	10	镇原茹河	1.37	1.37	1.37	1.37	1.37	1.37	1.37	1.37	1.37	1.37	1.37	1.37	16.44
11	11	镇原洪河	0	0	0	0	0	0	0	0	0	0	0	0	0
12	12	华池葫芦河	7.17	7.17	7.17	7.17	7.17	7.17	7.17	7.17	7.17	7.17	7.17	7.17	86.04
13	13	合水葫芦河	0	0	0	0	0	0	0	0	0	0	0	0	0

图 4-153　工业时段需水量数据导入结果

其他时段需水量数据导入方法与前述类似。

GWAS 软件支持对供水时段数据、需水时段数据按行政分区或流域分区进行数据汇总查看。

在数据管理树供水信息或单元行业需水两类数据的任意数据节点上单击右键，菜单中有一项流域/行政汇总。例如，在浅层水时段来水量上单击右键，如图 4-154 所示。

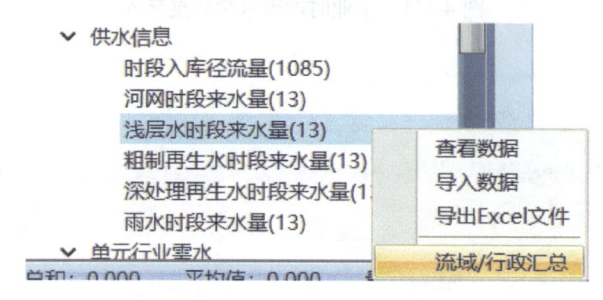

图 4-154　流域/行政汇总菜单项

单击流域/行政汇总，弹出流域/行政汇总功能对话窗口，如图 4-155 所示。

图 4-155　流域/行政汇总功能对话窗口

在初始状态下，归类方式分组框中的单选项会选中原始表，下方表格中会显示本身的数据，如图 4-155 所示。

当通过单击方式将上述单选项选中一级流域、二级流域、三级流域、四级流域，或者省级、地市级、区县级、乡镇级时，下方表格中将列出选中的归类方式对应的元素，并将其包括单元的所有数据求和。例如，在图 4-156 所示表格中选中四级流域，表格中即列出工区中 6 个四级流域，并将各流域包括的单元数据求和。例如，马莲河的数据即为华池马莲河、庆阳马莲河等 6 个名称中带有马莲河的单元数据之和。

图 4-156　四级流域归类统计结果

3. 供水权重参数

功能说明：供水权重参数用来控制研究区不同水源给对应行业的分水比。

供水权重参数指的是各类水源向每个用水单元中各行业供水的比例，按照研究区实际情况，进行基于规则的水资源配置。

单击主工具栏中配置参数/供水权重参数，如图 4-157 所示。

图 4-157　供水权重参数按钮

弹出对话窗口，显示每个用水单元农村生活、城市生活等行业的用水比例。在未导入数据时，各数据为零，即向所有行业平均供水，如图4-158所示。

图4-158 在导入数据前，水源行业分水比为零

通过表格上方的 Tab 标签，可以对水源进行切换展示，如图4-159所示。

图4-159 水源行业分水比导入结果切换展示

在如图4-158中单击详细说明按钮，其右侧滑出详细说明，如图4-160所示。

通过激活后键入的方法，可对其中的数据进行编辑，如图4-161所示。此处还有表格粘贴功能，可以从 Excel 表格中选取一个选区，并在对话框表格对应位置的左上角单元格中单击右键粘贴，其具体步骤如下。

（1）选择并复制选区（也可以选中之后 Ctrl+C 复制），如图4-162所示。

图 4-160　功能详细说明

图 4-161　水源行业分水比编辑

图 4-162　水源行业分水比编辑 Excel 粘贴

（2）单击选中对应的左上角第一个单元格，右键单击粘贴，如图 4-163 所示。

图 4-163　水源行业分水比粘贴方式

（3）结果如图 4-164 所示。单击确定或应用按钮，可以将其保存。

提示：在不同情境方案优化的时候，可调整对应的分水比。

图 4-164　水源行业分水比导入、编辑结果

4．河道蒸渗参数

功能说明：河道蒸渗参数用来反映水资源系统网络配置过程中水库—水库、水库—单元、单元—单元这 3 种供排水过程的水量损失（包括蒸发损失和渗漏损失）。

单击主工具栏中配置参数/河道蒸渗参数，其中有 3 类河道蒸渗系数，分别为水库—水库河道蒸渗系数、水库—单元河道蒸渗系数、单元—单元河道蒸渗系数，即供水的水库与用水单元之间的连接，如图 4-165 所示。

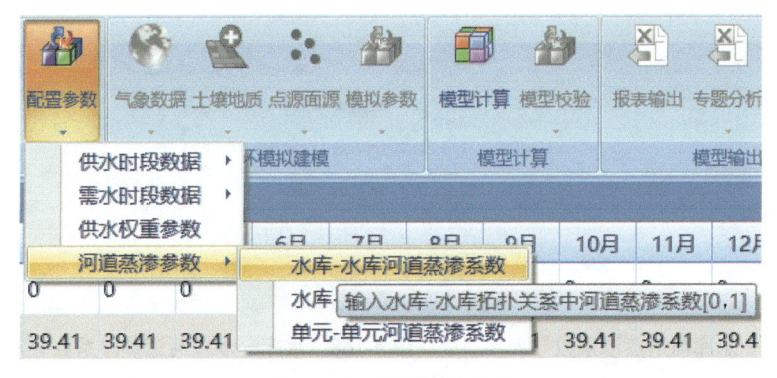

图 4-165　河道蒸渗参数

单击水库—水库河道蒸渗系数,主窗口弹出如图 4-166 所示的数据表格。

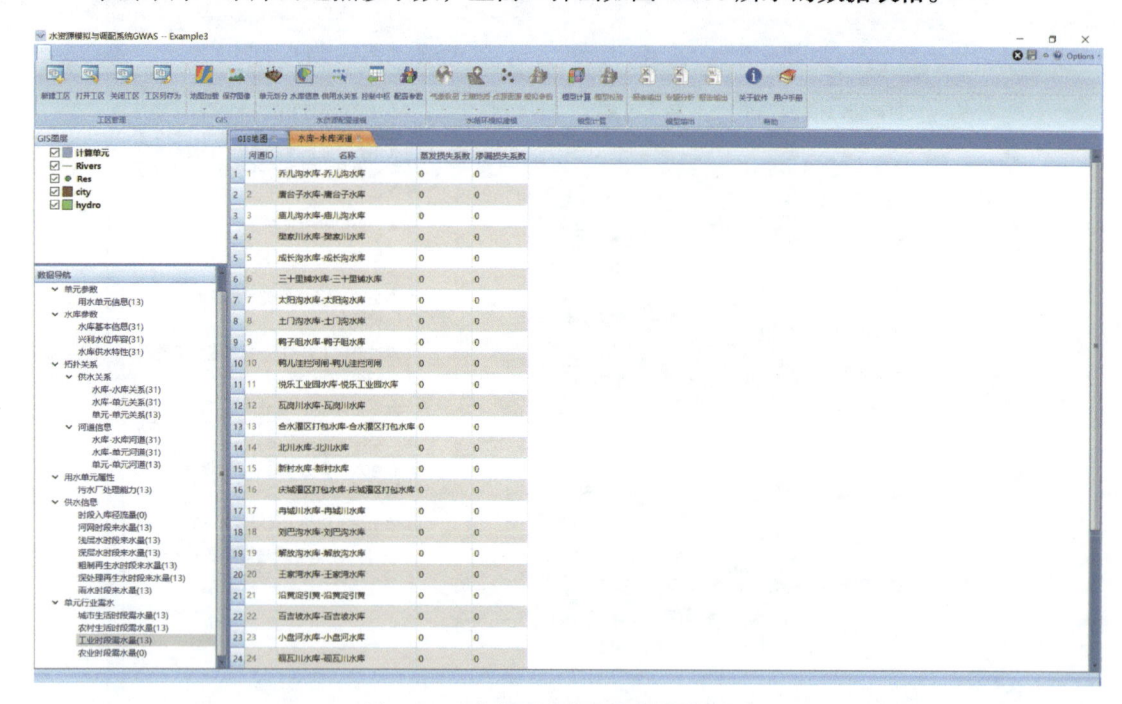

图 4-166 水库—水库河道蒸渗系数导入

图 4-166 中表格数据对应了 4.4.2 节中的水库—水库关系,有关系的水库之间形成了一个河道。

在默认情况下,河道蒸渗系数都为 0,可以通过手动填入或导入的方法进行数据的输入,导入数据通过数据管理树中的河道信息/水库—水库河道菜单中的导入数据项功能进行,如图 4-167 所示。

弹出对话窗口,选择数据文件后导入,如图 4-168 所示。

图 4-167 水库—水库河道蒸渗系数导入 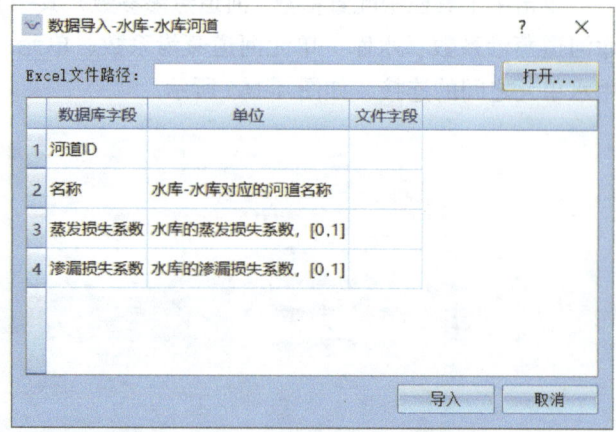   图 4-168 水库—水库河道蒸渗系数导入字段匹配

水库—单元河道蒸渗系数、单元—单元河道蒸渗系数查看及导入方法与此相同。

4.5 水循环模拟建模

4.5.1 气象数据

气象数据包括研究区配置计算单元对应的逐时段降水量或蒸发量。

单击主工具栏中气象数据，包括单元降水和单元蒸发两个选项，如图 4-169 所示。

图 4-169 单元气象数据导入

单击输入单元对应逐时段降水数据后弹出表格，可以通过手动录入、粘贴等方式输入数据，如图 4-170 所示。

图 4-170 单元面降水量输入表格

在用水单元属性节点下，可以对这类数据进行加载，如图 4-171 所示。

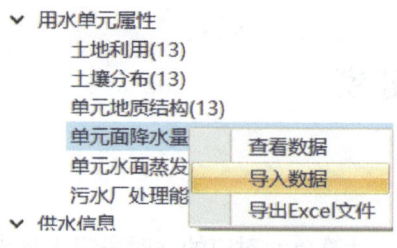

图 4-171 单元面降水量导入

气象数据的数据格式：按照单元 ID 顺序输入各时段（逐年逐月）的数据，单位为毫米（mm）。

4.5.2 土壤地质

单击主工具栏中土壤地质工具，可见 GWAS 软件土壤地质数据包括土地利用、土壤分布、地质结构 3 类，如图 4-172 所示。

图 4-172 土壤地质数据

单击之后打开相应的数据表，如图 4-173 所示。

图 4-173 单元土地利用数据导入

与第 3 章相同，在数据导航用水单元属性下的相应节点中输入数据。

1．土地利用

功能说明：土地利用用来说明研究区各计算单元的不同作物类型的面积，

土地利用类型说明：本次按照全国土地利用分类标准（GBT 21010—2017），考虑人类活动的主要过程，划分为水稻、小麦玉米、蔬菜等 10 种土地利用类型。

数据格式：按照配置基本计算单元顺序进行输入，单位为平方千米（km^2）。结果如图 4-174 所示。

GIS地图　土地利用

	单元ID	用水单元名	水稻	小麦玉米	蔬菜	旱地	园地	林地	草地	交通城镇居工地	水域	总未利用地
1	1	环县清苦水河	0	0	0	0	0	60.46	1279.68	37.87	6.55	536.44
2	2	环县马莲河	0	24.84	3	852.33	26.47	230.21	4872.92	144.2	24.92	1136.11
3	3	华池马莲河	0	3.52	1.26	96.01	6.93	819.17	1154.63	44.42	8.3	505.76
4	4	庆阳马莲河	0	15.05	8.44	513.17	31.2	265.13	1168.73	147.33	18.27	505.38
5	5	合水马莲河	2.72	5.07	8.88	163.49	27.89	984.69	453.23	34.32	8.18	109.63

图 4-174　土地利用数据导入结果

2．土壤类型

功能说明：土壤类型用来说明研究区各计算单元的主要土壤类型。

土壤类型说明：按照全国土壤分类大类，本次简化为砂质土、黏质土、壤土 3 种类型；后期可进行扩展。

数据格式：按照配置基本计算单元顺序选择土壤类型（是否关系），单位：无。如图 4-175 所示。

GIS地图　土壤分布

	单元ID	用水单元名	砂质土	黏质土	壤土
1	1	环县清苦水河	0	1	0
2	2	环县马莲河	0	1	0
3	3	华池马莲河	0	1	0
4	4	庆阳马莲河	0	1	0
5	5	合水马莲河	0	1	0
6	6	西峰马莲河	0	1	0
7	7	宁县马莲河	0	1	0
8	8	正宁马莲河	0	1	0
9	9	镇原蒲河	0	1	0
10	10	镇原茹河	0	1	0
11	11	镇原洪河	0	1	0
12	12	华池葫芦河	0	1	0
13	13	合水葫芦河	0	1	0

图 4-175　土壤类型数据导入结果

3. 地质结构

功能说明：地质结构用来说明研究区各计算单元的底层结构厚度。

地质结构类型说明：根据研究区情况，按照地下垂直结构，输入土壤层厚度、浅层水厚度、深层水厚度。

数据格式：按照配置基本计算单元顺序输入相应层次的厚度，单位为米（m）。如图 4-176 所示。

单元ID	用水单元名	土壤层厚度	浅层水厚度	深层水厚度
1	环县清苦水河	1.1	100	900
2	环县马莲河	1.1	100	900
3	华池马莲河	1	100	900
4	庆阳马莲河	1	100	900
5	合水马莲河	1	100	900
6	西峰马莲河	1	100	900
7	宁县马莲河	1	100	900
8	正宁马莲河	1	100	900
9	镇原蒲河	1	100	900
10	镇原茹河	1	100	900
11	镇原洪河	1	100	900
12	华池葫芦河	1	100	900
13	合水葫芦河	1	100	900

图 4-176　地质结构数据导入结果

4.5.3　点源面源

功能说明：点源面源用来说明研究区各计算单元对应的点源、面源污染物情况。

数据单位：污染物主要计算 CODcr、氨氮、TP、TN，其浓度单位均为毫克/升（mg/L）。

在主工具栏中单击点源面源工具，可知 GWAS 软件支持城市生活污染、农村生活污染、工业污染、农业污染、畜禽养殖污染、水产养殖污染、底泥污染数据加入计算，如图 4-177 所示。

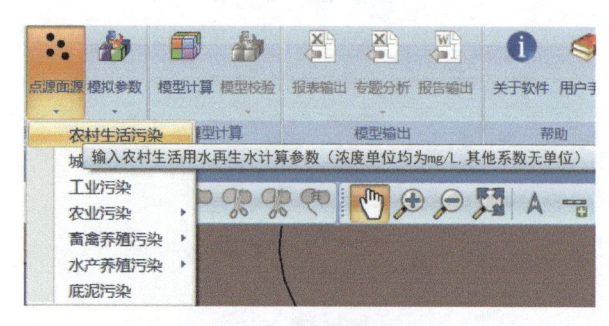

图 4-177　点源面源功能

1. 城市生活污染

功能说明：城市生活污染用来说明研究区各计算单元城市生活产生的点源污染物情况。城市生活污染、农村生活污染、工业污染、底泥污染 4 类输入表类同。

数据格式：浓度单位均为毫克/升（mg/L），耗水率及各类系数均无单位。以城市生活污染数据为例，表格结构如图 4-178 所示。

图 4-178　城市生活污染数据

2. 农业污染

农业污染包括亩均施肥量、污染运移系数两类数据，如图 4-179 所示。

图 4-179　农业污染数据

1）亩均施肥量

功能说明：亩均施肥量用来说明研究区各计算单元农业亩均化肥（折纯）施用情况。

数据格式：各计算单元（1—12 月）施肥量，单位：千克 / 亩（kg/ 亩）。亩均施肥量数据表格如图 4-180 所示。

	单元ID	用水单元名	1月	2月	3月	4月	5月	6月	7月	8月	9月	10月	11月	12月	汇总
1	1	环县清苦水河	0	0	0	0	0	0	0	0	0	0	0	0	0
2	2	环县马莲河	0	0	0	0	0	0	0	0	0	0	0	0	0
3	3	华池马莲河	0	0	0	0	0	0	0	0	0	0	0	0	0
4	4	庆阳马莲河	0	0	0	0	0	0	0	0	0	0	0	0	0
5	5	合水马莲河	0	0	0	0	0	0	0	0	0	0	0	0	0
6	6	西峰马莲河	0	0	0	0	0	0	0	0	0	0	0	0	0
7	7	宁县马莲河	0	0	0	0	0	0	0	0	0	0	0	0	0
8	8	正宁马莲河	0	0	0	0	0	0	0	0	0	0	0	0	0
9	9	镇原蒲河	0	0	0	0	0	0	0	0	0	0	0	0	0
10	10	镇原茹河	0	0	0	0	0	0	0	0	0	0	0	0	0
11	11	镇原洪河	0	0	0	0	0	0	0	0	0	0	0	0	0
12	12	华池葫芦河	0	0	0	0	0	0	0	0	0	0	0	0	0
13	13	合水葫芦河	0	0	0	0	0	0	0	0	0	0	0	0	0

图 4-180　农业亩均施肥量数据

2）污染运移参数

功能说明： 污染运移参数用来说明研究区各计算单元农业化肥污染物含量情况。

数据格式：耕地面积单位为万亩，污染物入河量单位为吨。

提示： 耕地面积为单元人工化肥施用所涵盖的面积，包括水稻、小麦玉米、蔬菜、果林等，最终结果为加权平均情况，如图 4-181 所示。

	单元ID	用水单元名	耕地面积	化肥有效利用率	单位化肥TN占比	单位化肥TP占比	单位化肥氨氮占比	TN入河系数	TP入河系数	氨氮入河系数
1	1	环县清苦水河	0	0	0	0	0	0	0	0
2	2	环县马莲河	0	0	0	0	0	0	0	0
3	3	华池马莲河	0	0	0	0	0	0	0	0
4	4	庆阳马莲河	0	0	0	0	0	0	0	0
5	5	合水马莲河	0	0	0	0	0	0	0	0
6	6	西峰马莲河	0	0	0	0	0	0	0	0
7	7	宁县马莲河	0	0	0	0	0	0	0	0
8	8	正宁马莲河	0	0	0	0	0	0	0	0
9	9	镇原蒲河	0	0	0	0	0	0	0	0
10	10	镇原茹河	0	0	0	0	0	0	0	0
11	11	镇原洪河	0	0	0	0	0	0	0	0
12	12	华池葫芦河	0	0	0	0	0	0	0	0
13	13	合水葫芦河	0	0	0	0	0	0	0	0

图 4-181　污染运移参数数据

3. 畜禽养殖污染

GWAS 软件支持猪、牛、羊、家禽 4 类常见畜禽养殖污染数据计算，如图 4-182 所示。

图 4-182　畜禽养殖污染

以畜禽——猪为例，其畜禽养殖污染参数如图 4-183 所示。牛、羊、家禽单位与此类同。

图 4-183　畜禽养殖污染参数

功能说明：用来说明研究区各计算单元猪的污染物排放情况。

数据格式：生猪单位为猪的头数，排泄物产生量单位为千克/头（kg/头）；CODcr、氨氮、TP、TN 含量单位为千克/吨（kg/t）；污染物入河量单位为吨（t）。

4. 水产养殖污染

水产养殖污染包括青鱼、草鱼、鲢鱼、鳙鱼 4 类家鱼的养殖污染，如图 4-184 所示。

图 4-184　水产养殖污染

以青鱼为例，其他鱼类与青鱼相同。

功能说明：用来说明研究区各计算单元水产——鱼的污染物排放情况。

数据格式：水产——青鱼为每个月水产鱼的重量，单位为吨（t）；TN、TP、COD 产生系数单位为克/千克（g/kg）；对应污染物产生量单位为吨（t），如图 4-185 所示。

图 4-185　水产——青鱼养殖污染参数

4.5.4　模拟参数

功能说明：用来调整研究区产汇流模拟效果的关键参数。

单击主工具栏中模拟参数工具，可见模拟参数主要包括产汇流参数、污染参数两种，如图 4-186 所示。

图 4-186　模拟参数包含的主要参数

这两个菜单由如图 4-187 所示的控制中枢功能控制，如果在图 4-187 中没有勾选进行产汇流计算，则这两项菜单置灰。

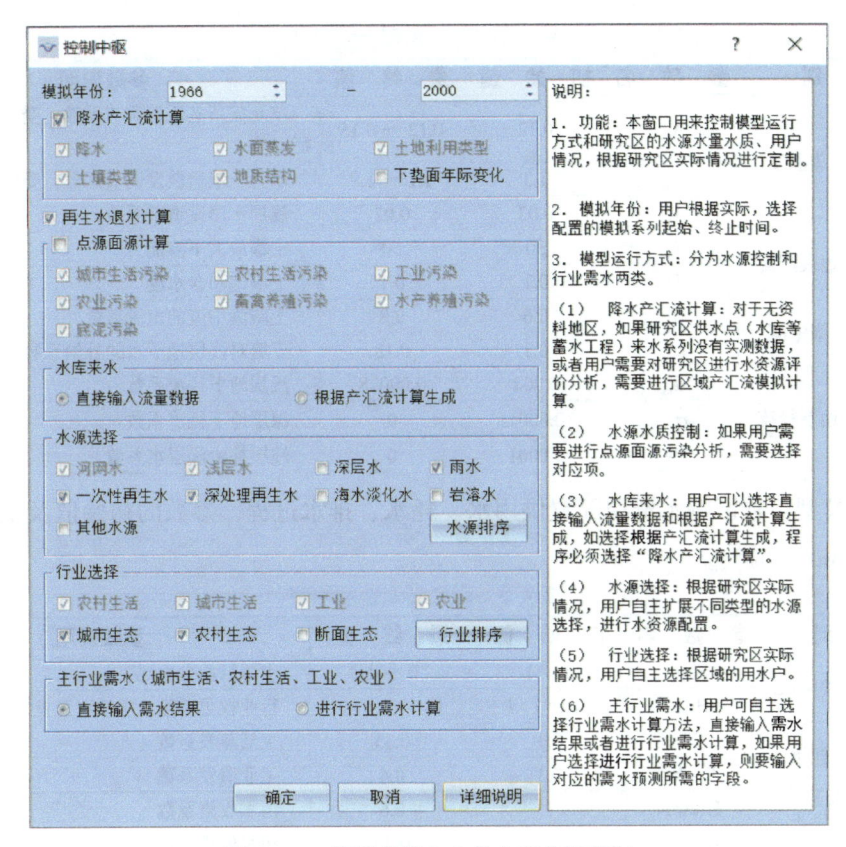

图 4-187　模拟参数包含的主要参数控制

1. 模型参数

1）水文模型参数

流域水循环过程按照四水转化特点，一般可分为蒸散发、地表径流、壤中流、地下径流 4 个层次。第 1 个层次蒸散发过程比较稳定，主要由气候因素和下垫面植被类型决定，对总径流有影响，但对径流过程变化影响较弱；第 2～4 个层次决定流域径流过程的时空分布及变化，对流量的影响十分敏感。

2）调配模型参数

经济、社会用水过程按照用水过程，一般可分为供用水、耗水、排水 3 个层次。第 1 个层次供用水层面主要受行业性质及渠道特征因素影响，其中，农业主要与气候因素、作物类型有关，其他行业则是一个比较稳定的过程；第 2 个层次耗水层面则与行业性质有关，不同产品生产特性、行业用水过程具有不同的耗水曲线，对耗水量影响十分敏感；第 3 个层次排水层面考虑行业特点，农村生活及城市生态用水基本全部耗掉，农业退水则参与水循环模拟过程，城市生活、工业排水受污水收集率、处理率、回用率等指标影响。

3）参数说明

水文模型参数影响有效降水，以及超渗产流、蓄满产流的大小；同时，影响壤中流大小。参数的初始值及说明如表 4-1 所示。

表 4-1 水文模型参数说明

类别		参数名	初始值	最终值	参数说明
水循环模型参数	蒸散发	K_{cs}	0.12	0.12～0.15	单元截留蒸散发调节系数，受单元下垫面特征影响
		K_{el}	1.3	1.1～1.8	单元土壤蒸散发调节系数，受植被类型影响
		k_{ek}	0.03	0.02	浅层水蒸发调节系数
	地表产流	F_s	30	50	土壤最大下渗能力
		U_s	0.1	0.1	土壤饱和含水度
	壤中流	α_{ss}	0.6	0.8	土壤壤中流的出流系数
		α_{sx}	0.2	0.18	土壤对浅层地下水的补给系数
	地下径流	α_{xk}	0.002	0.00018	浅层地下径流系数
		α_{xm}	0.0001	0	深层地下径流系数
		β	0.0001	0	浅层补给深层水系数

调配模型参数影响水资源配置供用水、耗水、排水过程，参数的初始值及敏感说明如表 4-2 所示。

表 4-2 调配模型参数说明

类别		参数名	初始值	最终值	参数说明
配置模型参数	供用水	Shp	0～1	0～1	水源行业分水比
		Hqz	1:1:1:1	1:1:0.1:0	行业权重系数（生活：工业：农业：生态）
	耗水	Etl	0.3	0.35	生活蒸发系数
		Eindu	0.3	0.4	工业蒸发系数
	排水	Krewq	1	0.6	污水收集系数
		Krewd	1	0.85	污水处理系数

2. 产汇流参数

单击产汇流参数项，弹出对话窗口，其中有 4 个表格，包括土壤关键参数、地下水关键参数、土地利用蒸发折算系数、城市耗水关键参数，可通过 Tab 键逐一查看。

通过复制整理好的 Excel 表格中的数据，并粘贴到窗口中的表格，或者直接键入，可以输入产汇流参数数据，如图 4-188 所示。

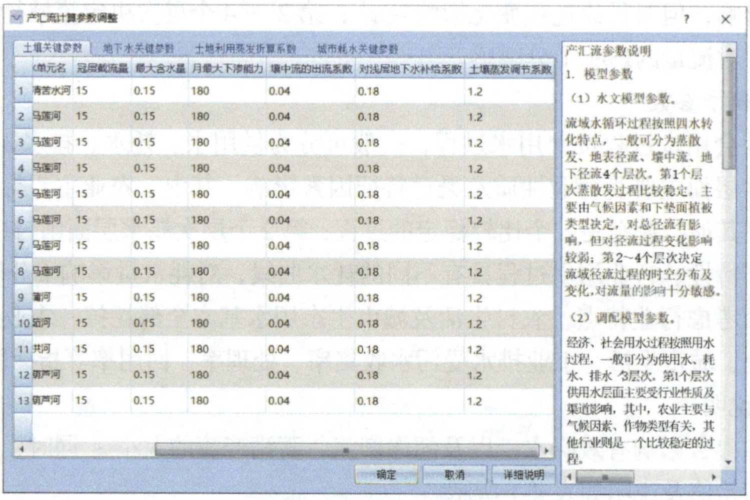

图 4-188 产汇流参数

3. 污染参数

功能说明：考虑河道自净能力及污染物转化作用，进行污染的消减计算。污染参数与河段长度、实际河段水动力条件相关。

单击污染参数项，弹出对话窗口，表格中列出所有污染物在每个用水单元供水的比例，初始情况默认为 0，如图 4-189 所示。

图 4-189　污染参数设置对话窗口

污染参数说明如下。

陆面 COD 本底含量：区域自然或者人工累计造成的土壤中的 COD 含量，其他指标类似。

河流 COD 本底含量：区域自然或者人工累计造成的水体中的 COD 含量，其他指标类似。

COD 释放系数：指在单元 COD 总含量中，每个时段进入河流的 COD 比例，其他指标类似。

污染参数可以激活表格单元格，手动填写，如图 4-190 所示；也可以在 Excel 表格中选取一个选区，并在对话框表格对应位置的左上角单元格中单击右键粘贴，或者在输入一个数字后右键单击填充进行快速操作，可以按流域分区、行政分区及行列填充，如图 4-191 所示。

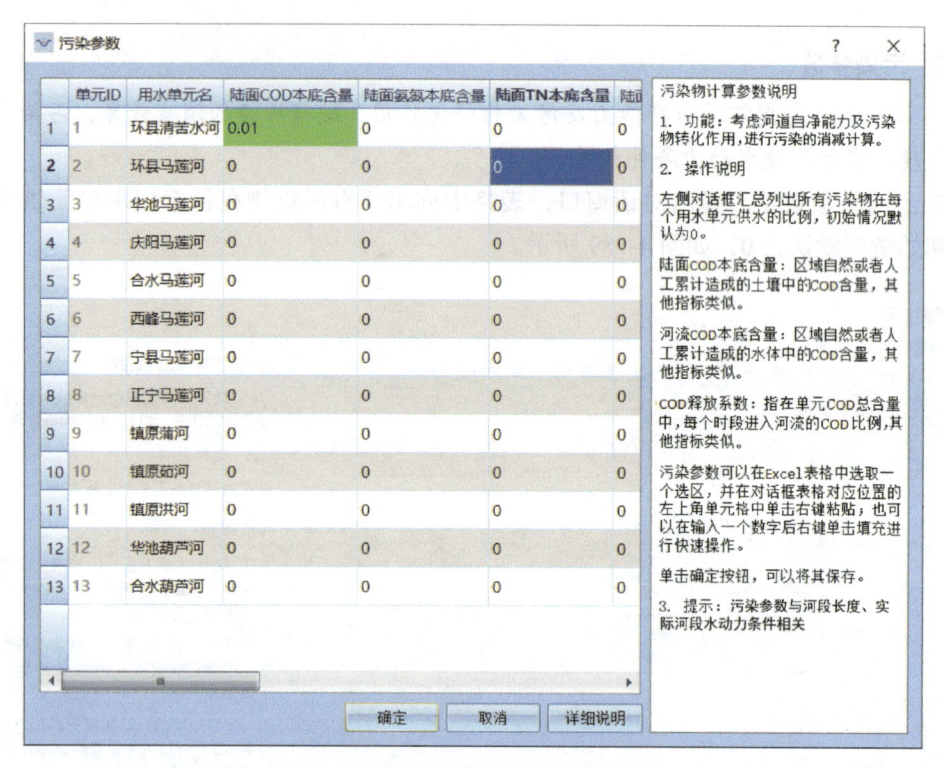

图 4-190　手动填写污染参数数据

图 4-191　填充污染参数数据

单击确定按钮，可以将其保存。

4.6　模型计算与校验

4.6.1　模型计算

单击模型计算图标，如图 4-192 所示。

图 4-192　模型计算图标

弹出模型计算运行对话窗口，如图 4-193 所示。

图 4-193　模型计算运行对话窗口

功能说明：选择不同的水资源配置求解方法，开展研究区水资源动态模拟及水资源配置模拟计算。

频率年：用户可选择根据区域降水进行排频（程序自动计算），也可以手动输入（考虑上下年度的影响，选择更合理的频率年进行报表分析）。

模型求解方法：用户可以选择两种求解方法，规则模拟方法——基于规则模拟的水资源配置，优化模拟方法——基于优化模拟的水资源配置。

提示：为优化模拟求解，GWAS 软件结合水资源配置特性，采用独自研发的基于精英策略的双层遗传优化算法。

是否输出频率年结果：为了方便进行水资源配置和规划分析，用户自行决定是否输出对应频率年的水资源配置结果。

是否先开展自然产汇流调参：主要用于在降水产汇流建模过程中的参数调整分析。如果选中，模型则只进行自然降水产汇流模拟；如果不选中，模型则在自然降水产汇流过程中同时开展水资源配置模拟，可理解为自然—社会水资源循环综合模拟。

在设置各类参数后，单击确定，GWAS 软件进入算法进行计算。

详细说明：单击详细说明按钮，界面右侧增加说明栏，如图 4-194 所示。

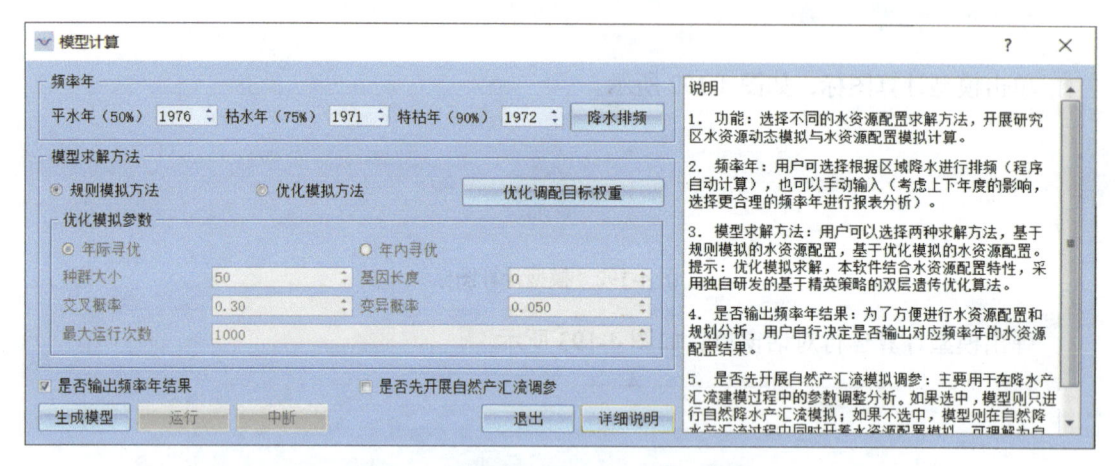

图 4-194　模型计算运行窗口详细说明栏

4.6.2　模型校验

为了校验模型是否准确，GWAS 软件提供模型校验功能。模型校验的基本原理是导入一系列实测数据，与调参后的计算结果进行对比分析，查看两者之间的误差。

1. 校验数据格式

功能说明：在后续的水量过程、水质过程等模型校验功能中，需要使用实测数据。为了向用户说明实测数据应该如何准备，提供此功能。

在选择一个文件夹之后，GWAS 软件会向其中释放一系列实测数据的空白表格作为模板，用户将数据填入这些空白表格，就成为后续功能可以识别的数据文件。

单击主工具栏中模型校验 / 校验数据格式，如图 4-195 所示。

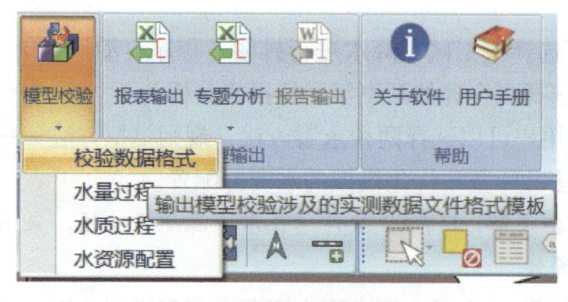

图 4-195　模型校验选择

弹出一个模型校验选择文件夹对话窗口，如图 4-196 所示。

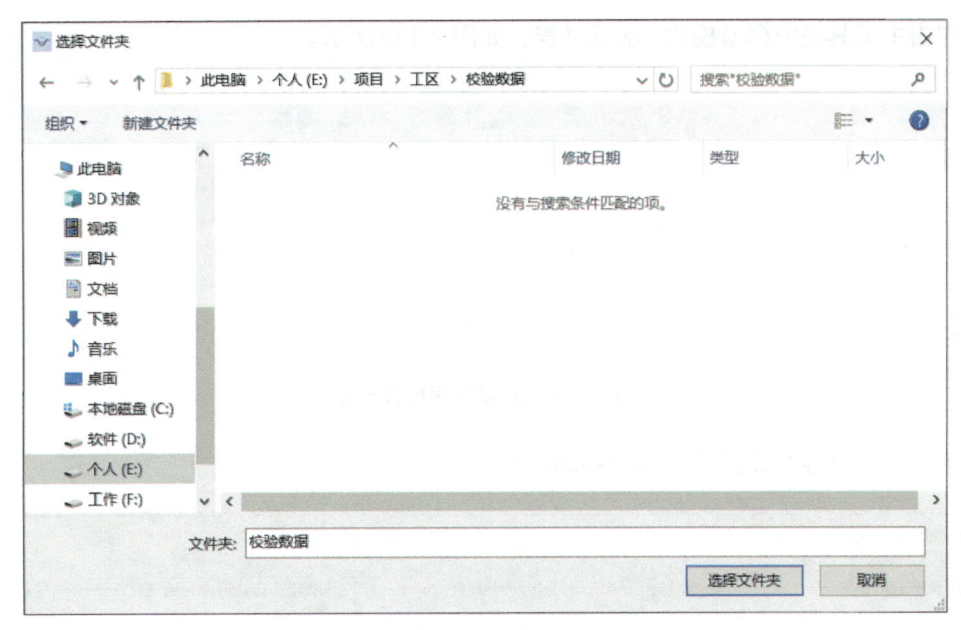

图 4-196　模型校验选择文件夹对话窗口

在选择一个文件夹之后，单击选择文件夹按钮，GWAS 软件会弹出提示，如图 4-197 所示。

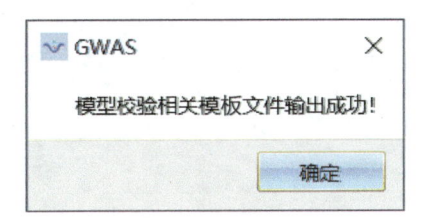

图 4-197　模型校验文件标准格式文件输出成功提示

将系列模板文件存入该文件夹，如图 4-198 所示。

图 4-198　模型校验系列模板文件输出结果

2. 水量过程

功能说明：通过前面的模型参数调整，用来比对断面径流过程和实测径流过程的效果。

单击主工具栏中模型校验/水量过程，如图 4-199 所示。

图 4-199　水量过程校验选择

弹出水量过程对话窗口，如图 4-200 所示。

图 4-200　水量过程对话窗口

水文断面所在单元号：用来提取可与实测径流断面进行比较的模拟径流出口所在的单元。

水文断面/单元出口控制面积比例：考虑实测径流断面可能与模拟单元断面出口不在一个位置，实测径流断面所控制的流域面积与模拟单元断面出口所控制的流域面积不一致，因此需要将模拟径流进行缩放。

水文断面实测值：给出水文断面的实测流量过程表，格式为 .csv，单位为万立方米，如图 4-201 所示。单击导入按钮，可导入该水文断面实测值文件，如图 4-202 所示。

	A	B	C	D
1	时间	实测(万立方米)		
2	1966	62725.71		
3	1967	31534.44		
4	1968	46141.95		
5	1969	35035.89		
6	1970	48411.15		
7	1971	38711.25		
8	1972	20022.9		
9	1973	60271.44		
10	1974	33807.36		
11	1975	80241.33		
12	1976	58875		
13	1977	66918.15		
14	1978	73282.14		
15	1979	30699.3		
16	1980	31992		
17	1981	39035.82		
18	1982	26764.47		
19	1983	33709.71		
20	1984	41788.91		

图 4-201　模型水量过程校验水文断面实测值文件表

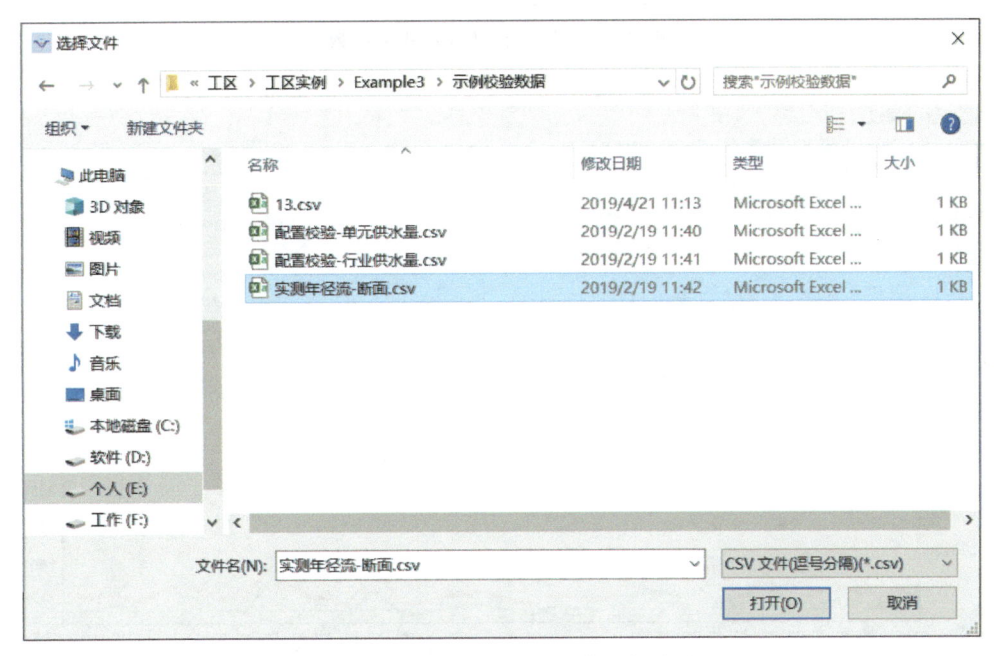

图 4-202　选择水文断面实测值文件并导入

单击打开按钮，调参周期和验证周期出现初始值。设定模型模拟的调参周期和验证周期，单击计算按钮，程序可自动计算相关系数和 Nash 系数，如图 4-203 所示。

效果展示：单击断面径流曲线，程序可自动生成模拟结果与实测结果对比图和表；其中，图形窗口显示各时段的模拟与实测效果曲线，并显示同时段降水量，辅助用户分析，如图 4-204 所示。

图 4-203 程序自动计算相关系数

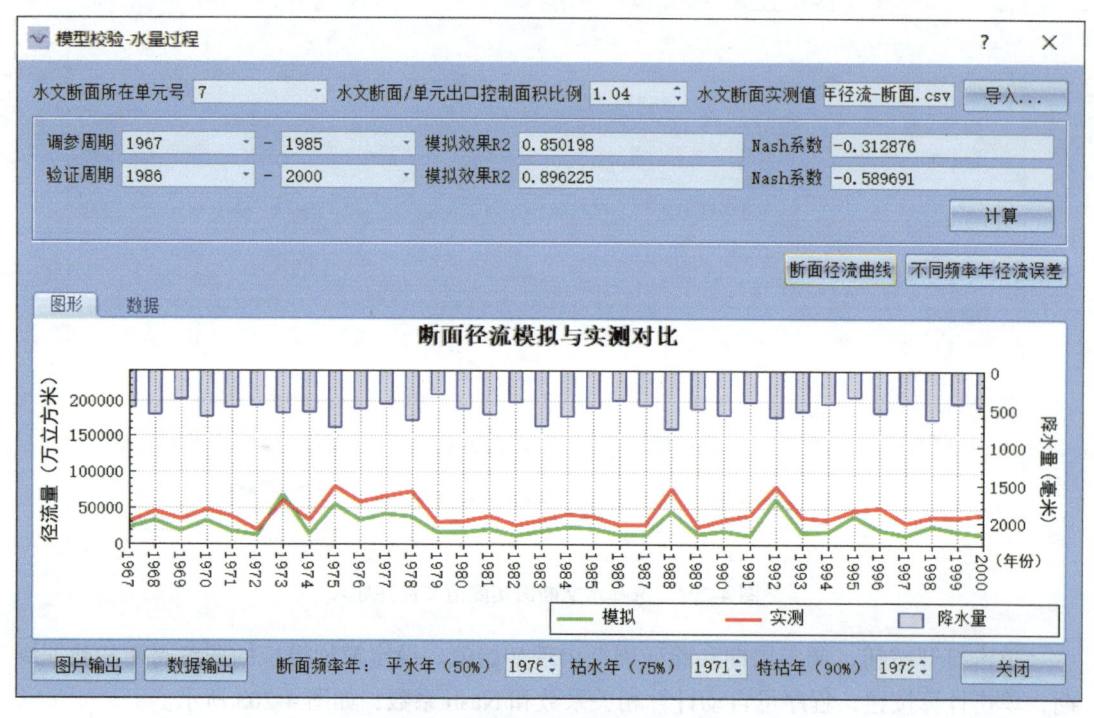

图 4-204 断面径流模拟与实测对比

单击图形上方的数据栏，显示数据窗口，并显示对应各时段的径流数据，便于用户进行输出，以进一步整理和分析，如图 4-205 所示。

图 4-205　断面径流模拟结果数据

效果展示：单击不同频率年径流误差，程序可自动给出不同典型频率（多年平均、50%、75%、90%）对应下的模拟和实测误差，用来表明模型可应用于水资源评价和管理的效果和能力，如图 4-206 所示。

图 4-206　模型水量模拟不同典型频率效果展示

同样，单击数据栏，可以查看数据，如图4-207所示。

图 4-207　模型水量模拟不同典型频率数据

3. 水质过程

功能说明：通过前面的模型水质参数调整，用来比对断面水质过程和实测水质过程的效果，包括COD、氨氮、TN、TP这4种污染物的模拟与校验。

单击主工具栏中模型校验/水质过程，如图4-208所示。

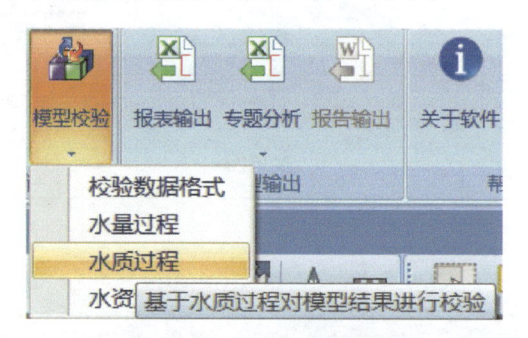

图 4-208　模型水质过程校验选择

弹出模型水质过程对话窗口，如图4-209所示。

断面实测值：给出断面实测的水质过程校验文件表，单位均为毫克/升（mg/L）。文件格式：.csv，如图4-210所示。

水质过程各功能与水量过程类似。

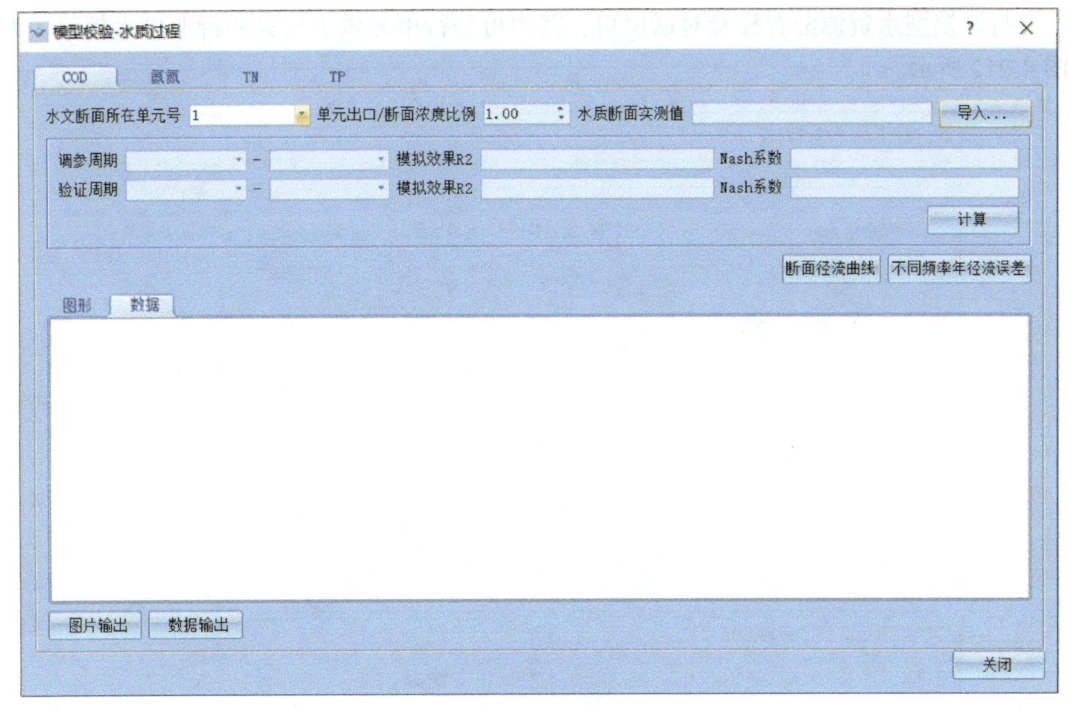

图 4-209 模型水质校验对话窗口

图 4-210 模型水质过程校验文件表

4．水资源配置

功能说明：通过前面水资源配置参数调整，用来比对水资源配置对现状供用水的刻画能力。

单击主工具栏中模型校验/水资源配置，如图 4-211 所示。

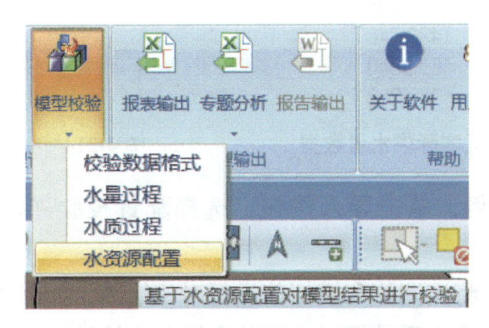

图 4-211 模型水资源配置校验选择

打开模型水资源配置校验对话窗口，其中可进行单元供水校验和行业供水校验，如图 4-212 所示。

图 4-212　模型水资源配置校验对话窗口

单元供水校验和行业供水校验基本一致，需要输入实际供水量文件，文件格式为 .csv，单位均为万立方米，如图 4-213 和图 4-214 所示。

	A	B	C
1	单元名称	供水量（万立方米）	
2	环县清苦水河	0	
3	环县马莲河	1706.3	
4	华池马莲河	2432.245	
5	庆阳马莲河	4886.13	
6	合水马莲河	1517.144	
7	西峰马莲河	7158.1	
8	宁县马莲河	4727.83	
9	正宁马莲河	1503.83	
10	镇原蒲河	1511.423	
11	镇原茹河	835.2603	
12	镇原洪河	1430.746	
13	华池葫芦河	463.2848	
14	合水葫芦河	329.286	

图 4-213　单元实际供水量数据

	A	B	C
1	行业	供水量（万立方米）	
2	城市生活	1566.6	
3	农村生活	3727.8	
4	工业	9141.2	
5	农业	14066.5	
6	城市生态	0	
7	农村生态	0	

图 4-214　行业实际供水量数据

以单元供水校验为例，单击导入按钮，选择配置校验-单元供水量.csv 文件，如图 4-215 所示。

单击对比分析按钮，将实测值和模拟值进行对比绘图，如图 4-216 所示。

单击数据栏，可以切换查看数据对比，并有误差率统计，如图 4-217 所示。

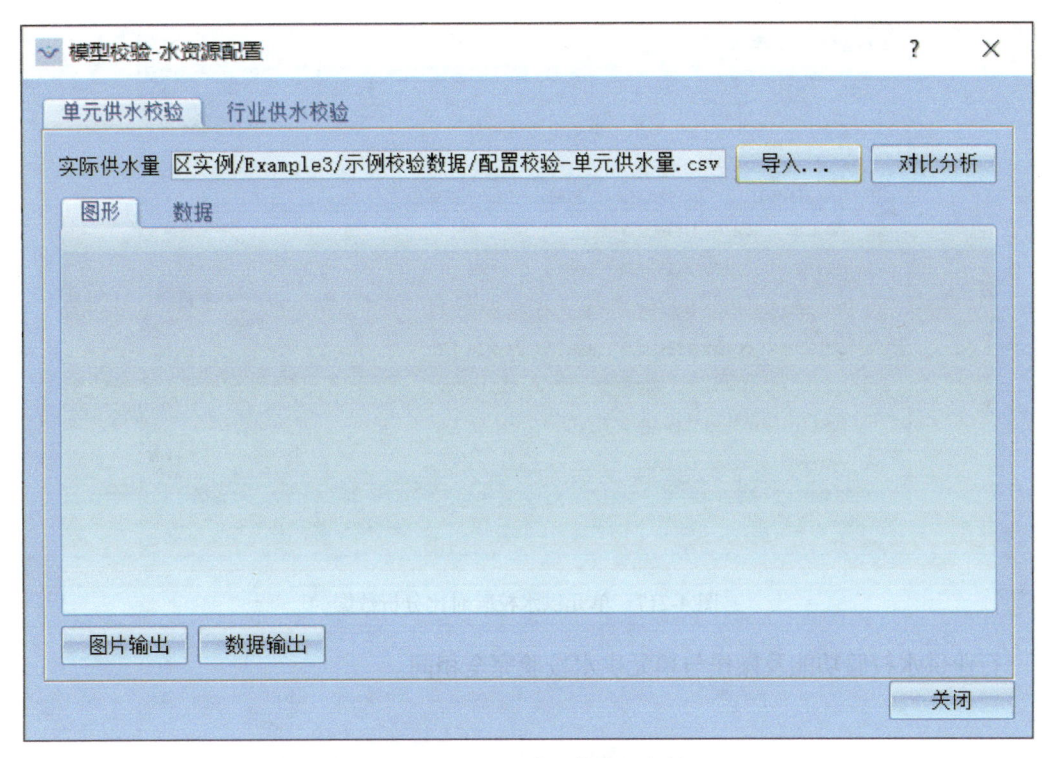

图 4-215　选择单元供水量文件

图 4-216　单元供水总量模拟情况

图 4-217　单元供水校验对比分析数据

行业供水校验功能及操作与单元供水校验完全相同。

4.7　模型输出

4.7.1　报表输出

单击主工具栏中报表输出按钮，弹出报表输出对话框，如图 4-218 所示。

图 4-218　报表输出对话框

在勾选需要导出的表格及保存位置后，单击确定按钮将其导出。

若此前未进行过配置计算,则弹出对话框提示:请先进行配置计算!

4.7.2 专题分析

在完成模型创建后,按照专题需求(如水资源量、供用水配置等)逐步进行分析。

单击主工具栏中专题分析按钮,有水资源量分析、供用水配置、开发利用情况、水资源承载力、智能诊断评估功能,如图 4-219 所示。

1. 水资源量分析

当导出报表输出中的水循环-2 降水产汇流分析-多年平均.csv 之后,就可以进行水资源量分析。

单击主工具栏中专题分析/水资源量分析菜单,如图 4-220 所示。

图 4-219 专题分析选择　　　图 4-220 水资源量分析选择

弹出水资源量分析对话窗口,如图 4-221 所示。

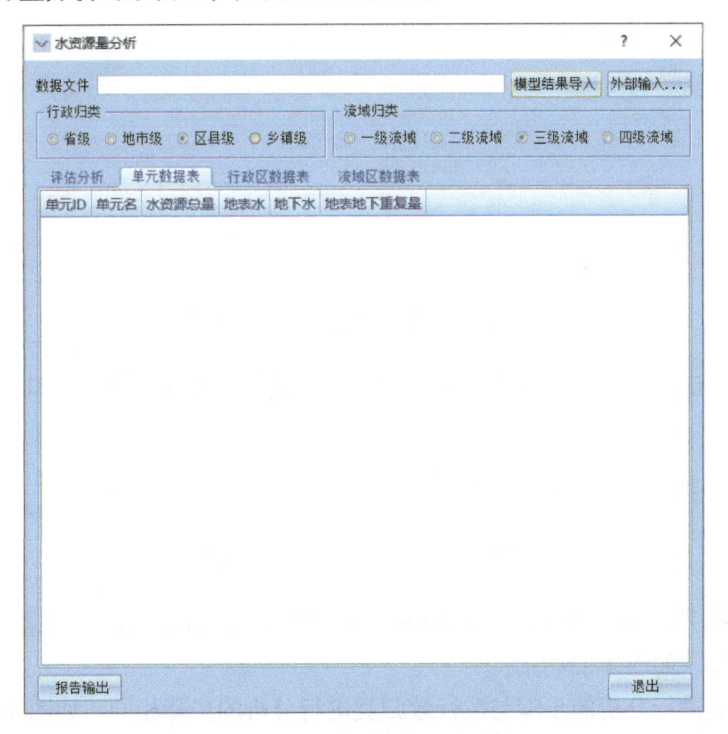

图 4-221 水资源量分析对话窗口

单击模型结果导入按钮，GWAS 软件会提取工区中生成的水循环-2 降水产汇流分析-多年平均.csv，将相应的信息提取到下方单元数据表、行政区数据表、流域区数据表中，包括水资源总量、地表水、地下水及地表地下重复量，如图 4-222 所示。

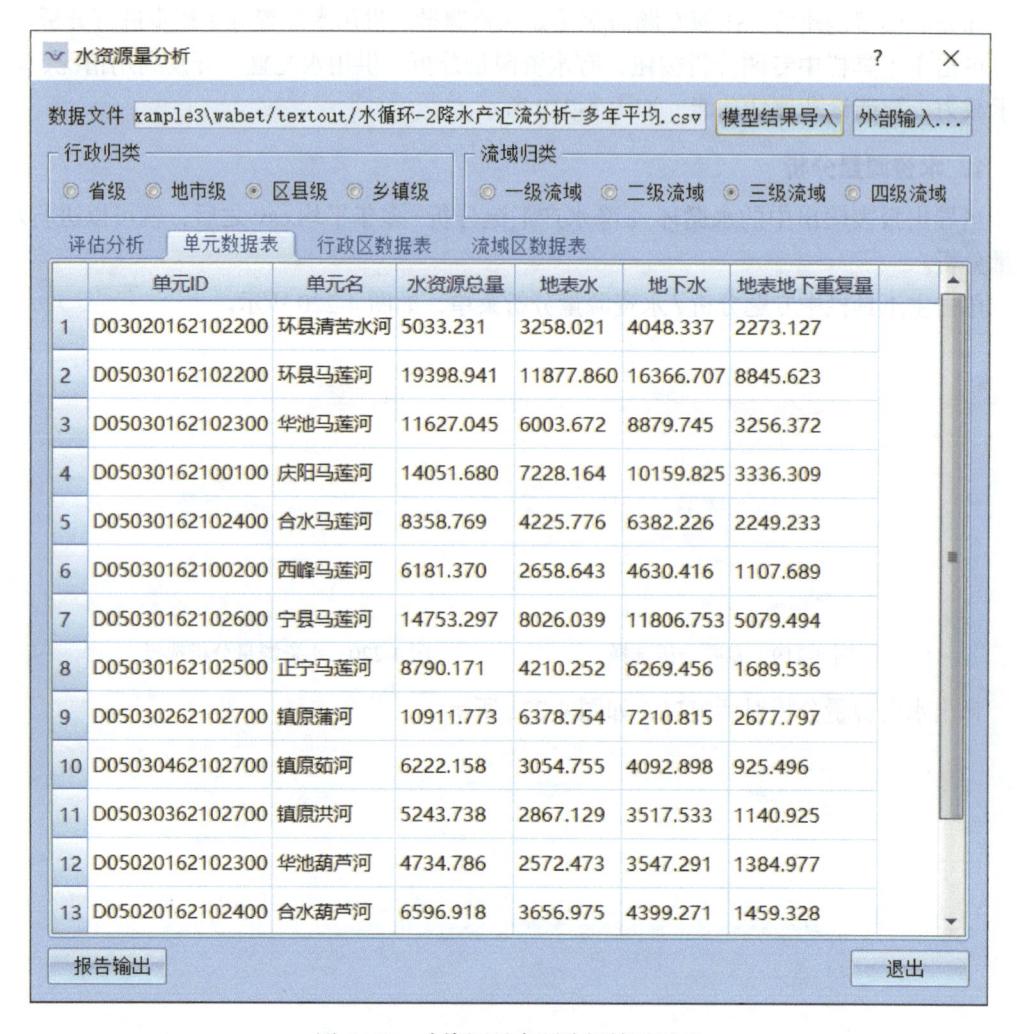

图 4-222　水资源量专题分析结果展示

用户可以单击行政归类、流域归类两个分组框中的选项进行切换，如图 4-223 所示。

图 4-223　水资源量专题归类分析

当单击切换为行政归类时，下方表格会切换到行政区数据表，并根据相应的行政级别展示不同的数据，如图 4-224 所示。

按流域归类进行分析的步骤与按行政归类进行分析的步骤相同，如图 4-225 所示。

图 4-224　水资源量按行政归类分析展示

图 4-225　水资源量按流域归类分析展示

单击左下角报告输出按钮,可以根据当前选择的行政区级别和流域级别,在下方生成评估分析报告,展示该工区在相应的行政区级别和流域级别的水资源分布情况,包括占比及最大值、最小值等数据,如图 4-226 所示。

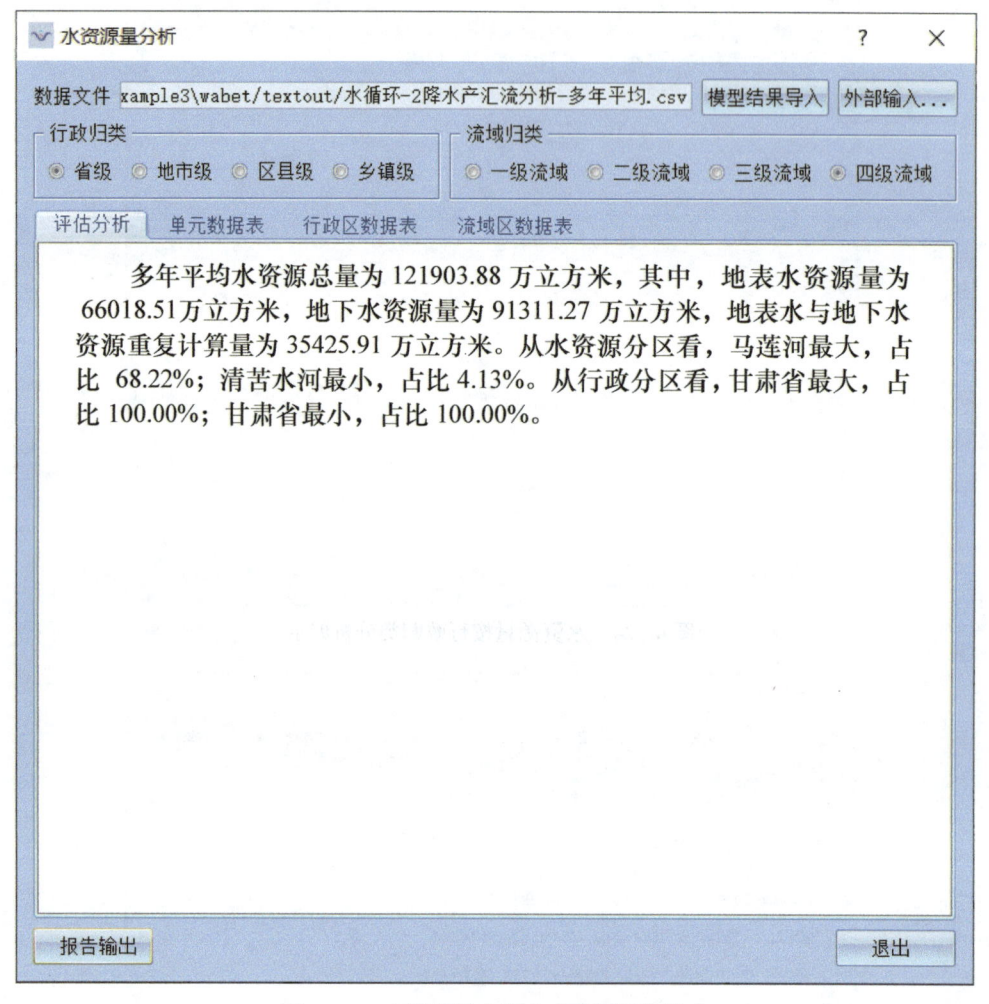

图 4-226　水资源量专题自动分析报告输出

2. 供用水配置

供用水配置功能使用的数据同样来自模型报表生成的水配置-2 供用水详细情况-多年平均.csv,供用水配置将单元、行政区、流域的各种水源供水量及各种用水方式用水量进行统计,输出结果与水资源量分析功能基本相似,如图 4-227 所示。

3. 开发利用情况

单击开发利用情况菜单,弹出水资源开发利用窗口,其中使用的数据来自报表输出的水循环-2 降水产汇流分析-多年平均.csv,以及水配置-2 供用水详细情况-多年平均.csv,操作与前面基本相似,如图 4-228 所示。

图 4-227　供用水配置专题分析窗口

图 4-228　开发利用情况专题分析窗口

4. 水资源承载力

水资源承载力评估需要 3 张表的原始数据，包括水循环-2 降水产汇流分析-多年平均.csv、水配置-2 供用水详细情况-多年平均.csv、水平衡自然人工综合过程-平均.csv，如图 4-229 所示。

图 4-229　水资源承载力专题分析窗口

5. 智能诊断评估

此功能待开发。

4.7.3　报告输出

此功能待开发。

4.8　关于软件

关于软件部分的功能是展示版权、版本信息，以及开发者、联系人等信息，单击主工具栏中关于软件按钮后弹出窗口，如图 4-230 所示。

图 4-230　关于软件窗口

4.9　用户手册

单击主工具栏中用户手册按钮之后，弹出内置的 PDF 用户手册，用户也可以在安装文件中自行打开用户手册。

图 4-231　GWAS 软件用户手册

第 5 章 应用实例

GWAS 软件中内嵌了甘肃省某区域的数据作为实例使用，以下展示用该数据进行 GWAS 建模的过程。

5.1 数据说明

数据以文件夹 Example1 的形式存放在安装（…\GWAS）文件夹根目录中，用户也可以根据需要将其复制到需要的地方使用。

如果忘记安装文件夹的位置，可以右键单击 GWAS 图标，在菜单中单击"打开文件所在的位置"即可进入安装文件夹，如图 5-1 所示。

图 5-1　安装文件夹位置

此时系统会打开软件的安装目录，其中的 Example1 文件夹即为内置的实例数据，如图 5-2 所示。

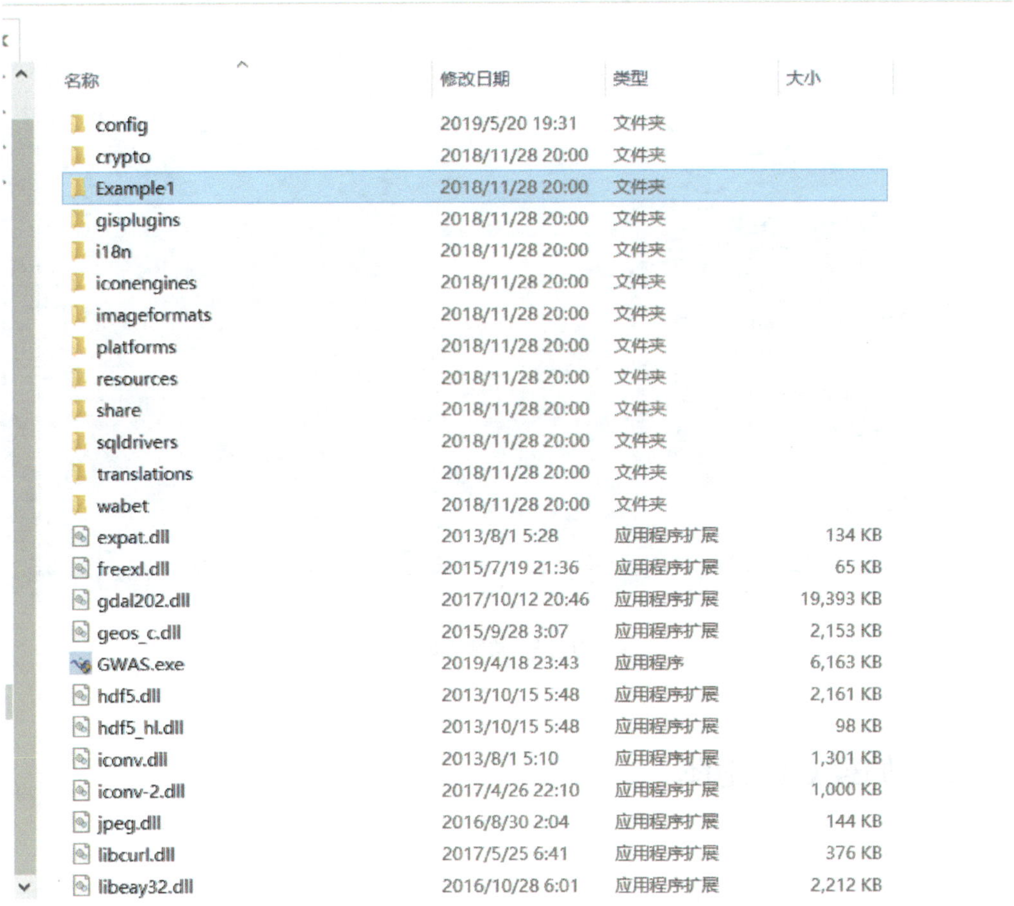

名称	修改日期	类型	大小
config	2019/5/20 19:31	文件夹	
crypto	2018/11/28 20:00	文件夹	
Example1	2018/11/28 20:00	文件夹	
gisplugins	2018/11/28 20:00	文件夹	
i18n	2018/11/28 20:00	文件夹	
iconengines	2018/11/28 20:00	文件夹	
imageformats	2018/11/28 20:00	文件夹	
platforms	2018/11/28 20:00	文件夹	
resources	2018/11/28 20:00	文件夹	
share	2018/11/28 20:00	文件夹	
sqldrivers	2018/11/28 20:00	文件夹	
translations	2018/11/28 20:00	文件夹	
wabet	2018/11/28 20:00	文件夹	
expat.dll	2013/8/1 5:28	应用程序扩展	134 KB
freexl.dll	2015/7/19 21:36	应用程序扩展	65 KB
gdal202.dll	2017/10/12 20:46	应用程序扩展	19,393 KB
geos_c.dll	2015/9/28 3:07	应用程序扩展	2,153 KB
GWAS.exe	2019/4/18 23:43	应用程序	6,163 KB
hdf5.dll	2013/10/15 5:48	应用程序扩展	2,161 KB
hdf5_hl.dll	2013/10/15 5:48	应用程序扩展	98 KB
iconv.dll	2013/8/1 5:10	应用程序扩展	1,301 KB
iconv-2.dll	2017/4/26 22:10	应用程序扩展	1,000 KB
jpeg.dll	2016/8/30 2:04	应用程序扩展	144 KB
libcurl.dll	2017/5/25 6:41	应用程序扩展	376 KB
libeay32.dll	2016/10/28 6:01	应用程序扩展	2,212 KB

图 5-2　实例数据文件夹位置

实例数据分为两个文件夹，分别为 Data、GIS，分别存放此区域的各类水资源建模的源数据和相关 GIS 地图，如图 5-3 所示。

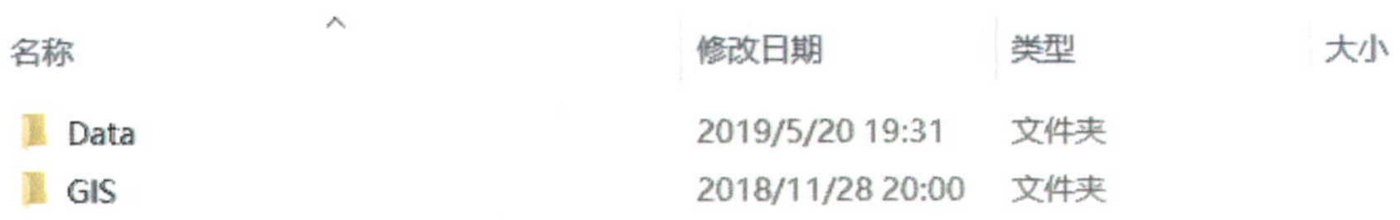

名称	修改日期	类型	大小
Data	2019/5/20 19:31	文件夹	
GIS	2018/11/28 20:00	文件夹	

图 5-3　实例数据文件夹内容

5.2　新建工区

单击主工具栏中新建工区按钮，在弹出的窗口中输入要给工区赋予的名称及存放路径，单击确定，完成新建工区流程，如图 5-4 所示。

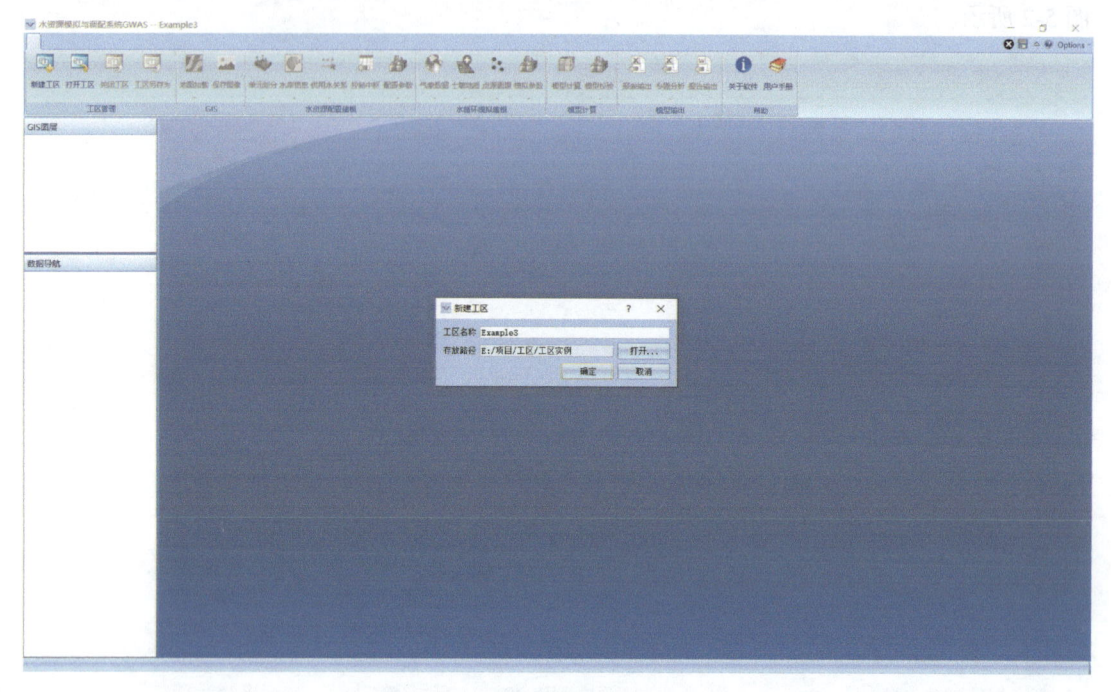

图 5-4 新建工区

5.3 加载 GIS 地图

5.3.1 加载 GIS 图层

新建工区以后，GWAS 软件会自动打开该工区，此时单击主工具栏中地图加载 / 加载图层，如图 5-5 所示。

图 5-5 加载图层

在弹出的加载 GIS 图层对话框中选择实例数据的 GIS 图层，全选所有图层，将其加载到工区中，如图 5-6 所示。

此时，GWAS 软件会将 GIS 图层显示在主窗口中，如图 5-7 所示。

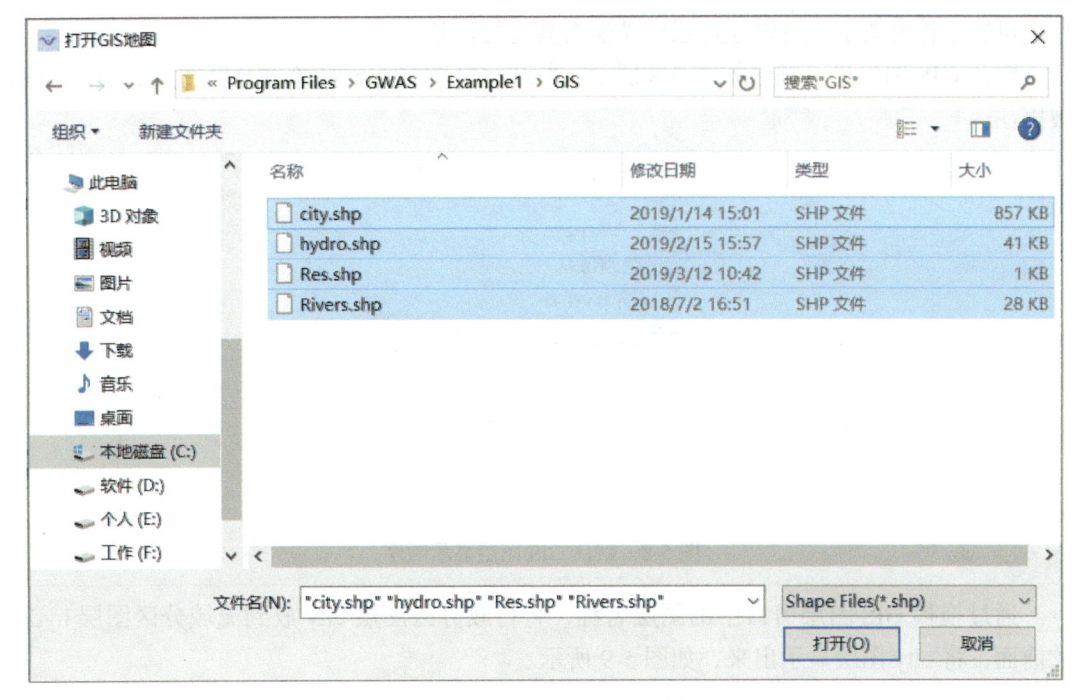

图 5-6　加载 GIS 图层对话框

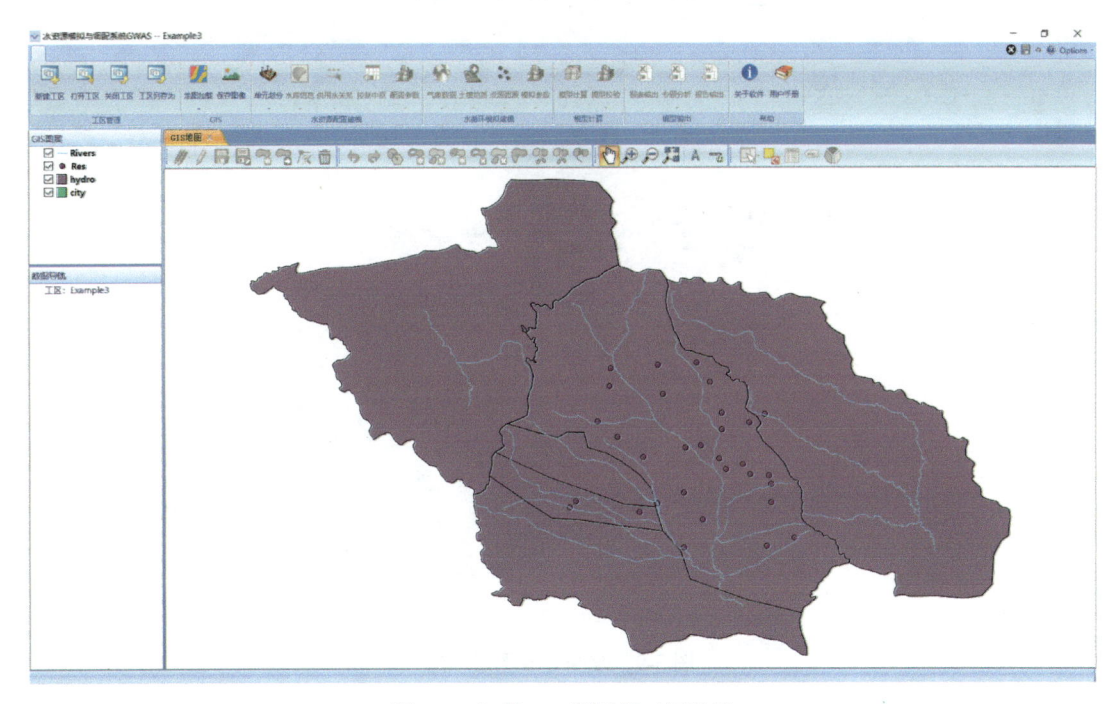

图 5-7　加载 GIS 图层后工区显示

5.3.2　图层属性

加入的图层在主窗口中的显示顺序可能不合理，默认没有显示文字标签属性，默认颜色也可能不符合要求，可以通过系列功能对其进行调整。

默认 GIS 图层显示顺序如图 5-8 所示，行政分区图层 city 在流域分区图层 hydro 下面，被挡住。

图 5-8　默认 GIS 图层显示顺序

通过拖拽 GIS 图层窗口中的图层名称，将行政分区图层 city 放到流域分区图层 hydro 的前面，将 city 图层显示出来，如图 5-9 所示。

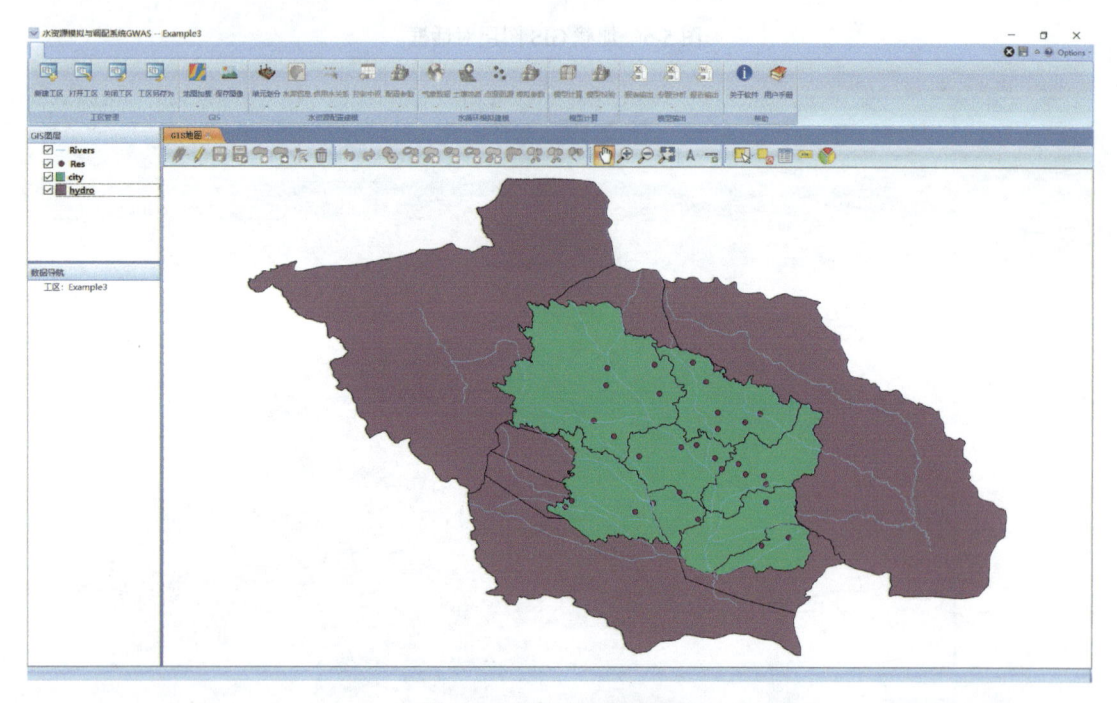

图 5-9　改变 GIS 图层顺序

在左侧图层管理器中单击选中一个需要调整的图层，在主工具栏中单击图层标签选项工具，在右侧滑出的窗口中对属性进行设置，如图 5-10 所示。

通过图层属性的标签功能，显示要素的名称，如图 5-11 所示。

通过图层属性的填充功能，改变图层的显示颜色，如图 5-12 所示。

第5章 应用实例

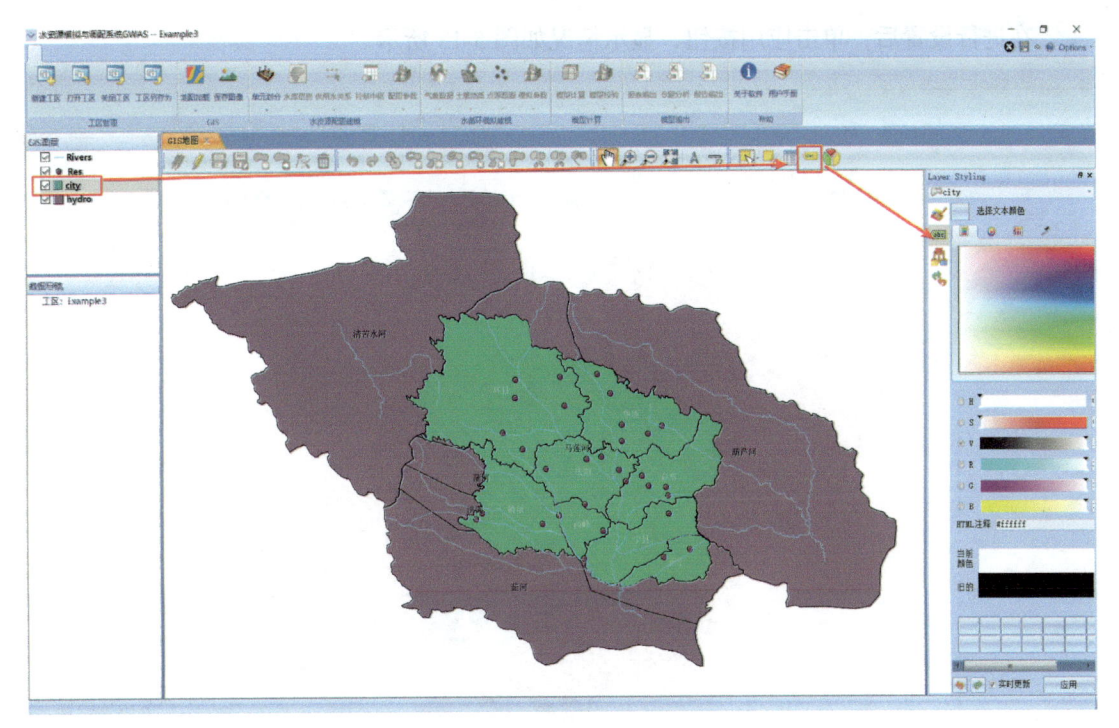

图 5-10 设置 GIS 图层属性

图 5-11 显示图层标签

图 5-12 设置图层填充颜色

— 109 —

在进行设置后，单击应用按钮，显示情况如图 5-13 所示。

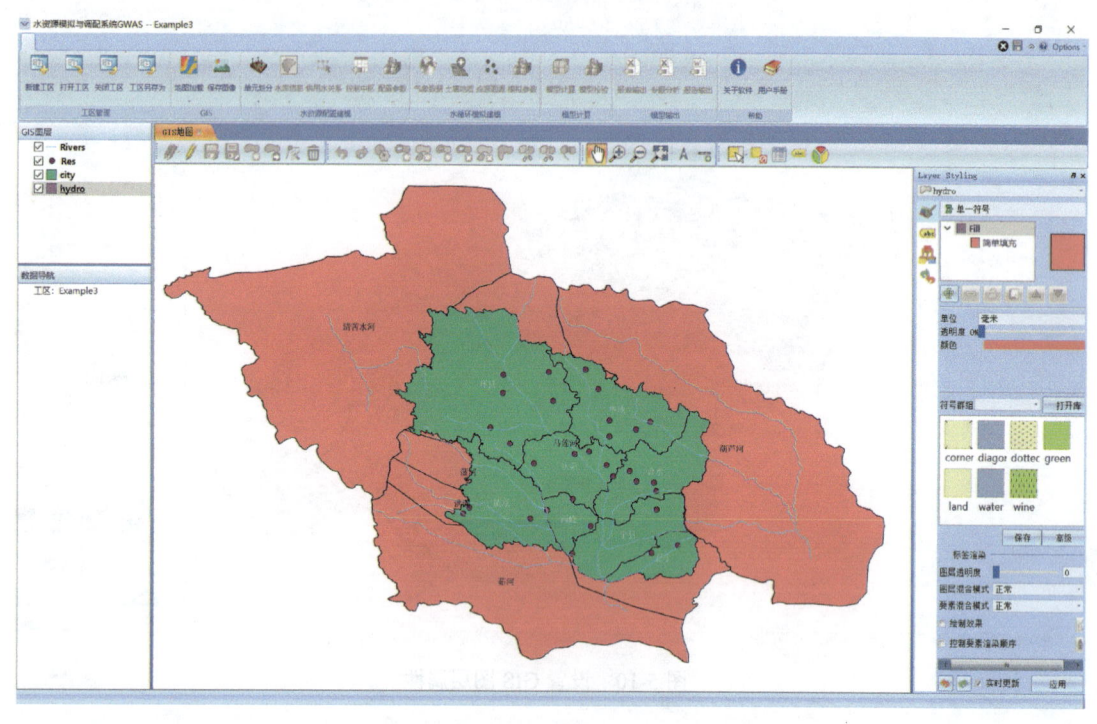

图 5-13　GIS 图层属性设置相应显示

对其他图层也可以进行类似设置，以对图层显示属性进行修改。

5.4　水资源配置建模

5.4.1　单元划分

将 GIS 地图加载完成并设置显示属性后，就需要生成用水单元。
单击主工具栏中单元划分 / 单元生成，如图 5-14 所示。

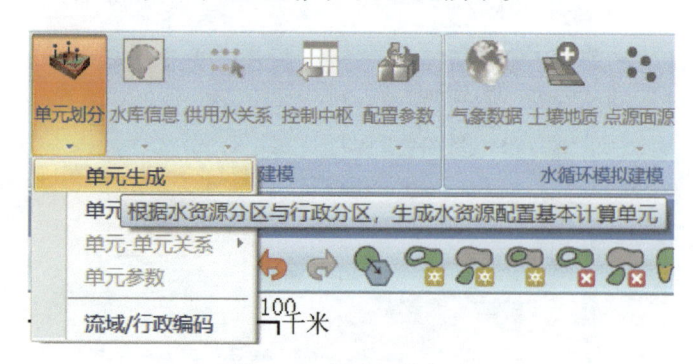

图 5-14　单元划分启动

设置行政分区图层为 city，设置流域分区图层为 hydro。此时，行政分区中的 CNAME 匹配、CID 匹配等下拉选项会自动匹配图层中的 CNAME、CID 字段。流域分区类似，也会自动匹配，如图 5-15 所示。

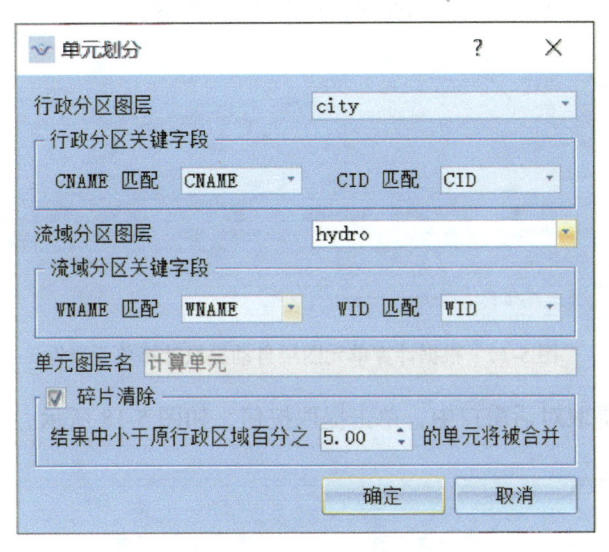

图 5-15　单元划分窗口

单击确定按钮后，会生成一个计算单元图层，并显示在主窗口中，可以使用 5.3.2 节中图层属性设置方法进行图层标签及属性显示，如图 5-16 所示。

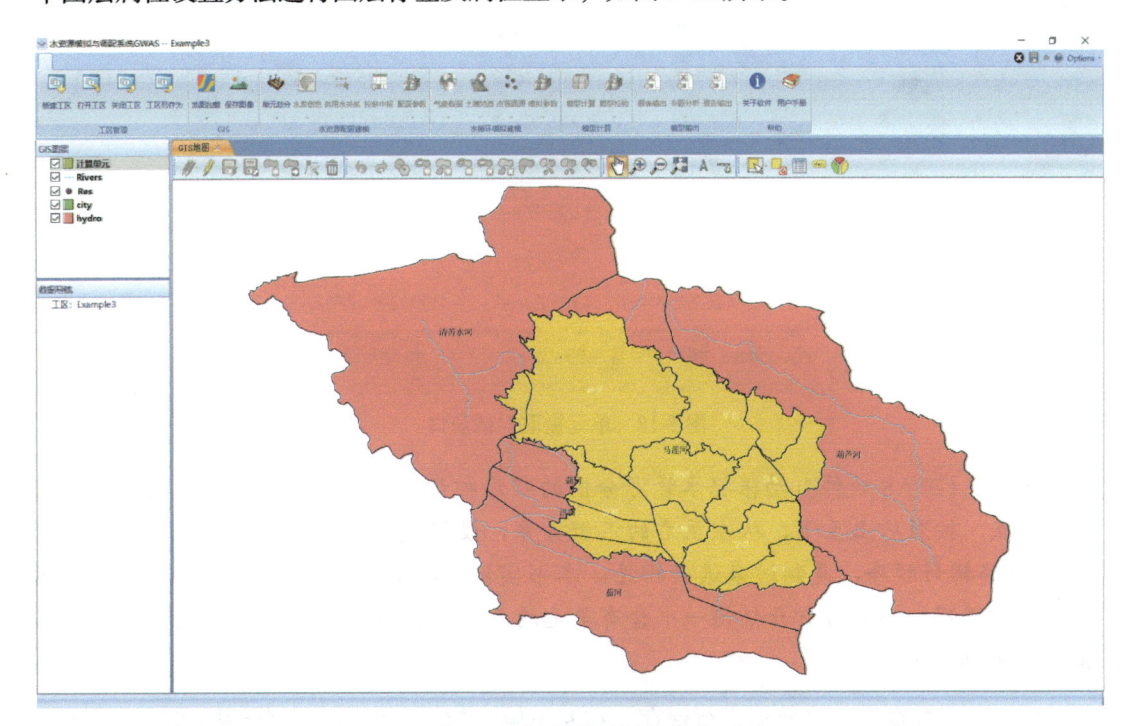

图 5-16　计算单元划分生成

5.4.2 单元提取

在完成计算单元划分之后，可以将单元属性提取到数据库，作为后续计算的材料。单击主工具栏中单元划分/单元提取，如图5-17所示。

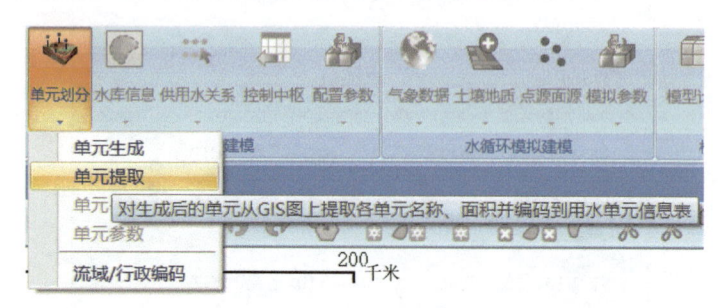

图5-17 根据计算单元图层自动提取计算单元属性

在弹出的单元提取对话窗口中，单击提取按钮，如图5-18所示。

	单元ID	计算单元名	面积	计算单元编码
1	1	环县马莲河	8.87895e-7	D05030162102200
2	2	华池马莲河	2.69222e-7	D05030162102300
3	3	合水马莲河	1.80559e-7	D05030162102400
4	4	庆阳马莲河	2.70868e-7	D05030162100100
5	5	镇原茹河	5.90781e-8	D05030462102700
6	6	镇原蒲河	1.72578e-7	D05030262102700
7	7	宁县马莲河	2.61605e-7	D05030162102600
8	8	西峰马莲河	1.02367e-7	D05030162100200
9	9	正宁马莲河	1.33269e-7	D05030162102500
10	10	环县清苦水河	4.73728e-8	D03020162102200

图5-18 单元提取对话窗口

提示：GWAS软件自动根据水资源分区的顺序初步进行单元排序，用户也可以根据区域特点，按照从上至下、从左至右的汇流关系，设置或调整计算单元顺序［也可以在Excel中编辑好顺序，复制过来进行排序。本书实例数据Data文件夹中单元顺序已经调整为实际情况，用户可打开任何一个含有单元的表（如inindu.csv）进行复制，如图5-19和图5-20所示］。

单击存入数据表，将数据进行保存，在左下侧的数据导航树中会自动构建并显示单元参数等数据表，如图5-21所示。

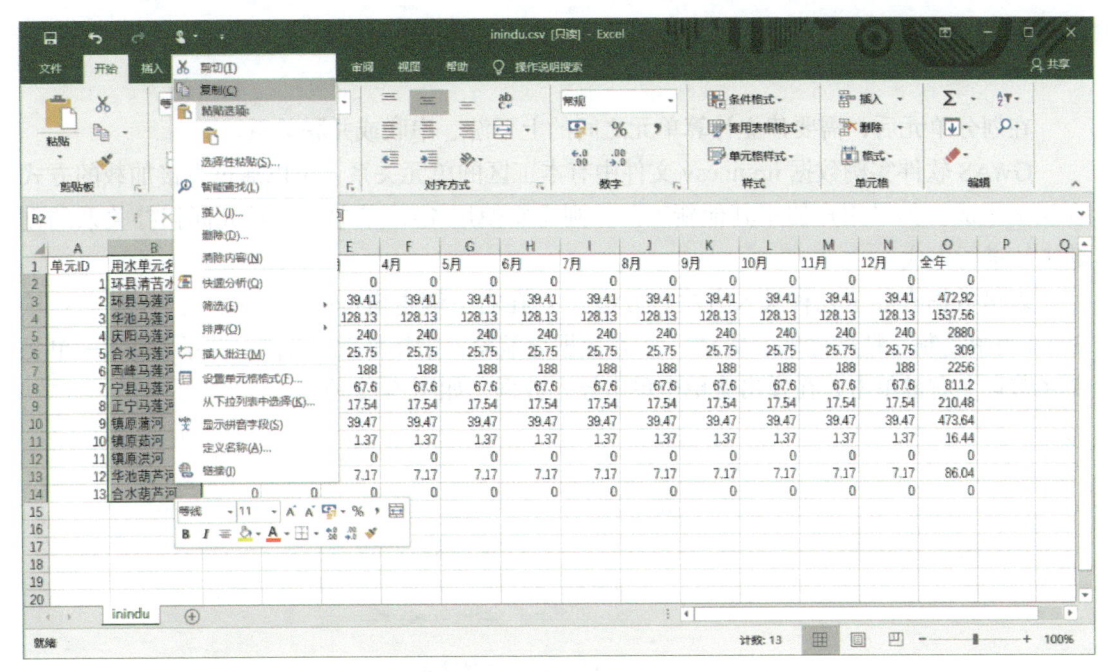

图 5-19　复制单元顺序

图 5-20　粘贴单元顺序

图 5-21　计算单元相关表格

5.4.3 单元拓扑关系

在划分单元后，需要建立计算单元之间的上下游、串联或并联关系。

GWAS 软件实例数据 itpuu.csv 文件中有本工区的单元关系，可以通过直接加载的方式在工区生成。如果用户使用其他新工区，则需要使用 4.4.1 节单元—单元间拓扑关系的创建方法进行生成。

表格数据有如下几种录入方法。方法一：在右下侧主窗口中手动输入；方法二：从 Excel 表中复制、粘贴过来；方法三：在数据导航窗口中拓扑关系/供水关系/单元—单元关系节点上右键单击，在弹出菜单中单击导入数据，如图 5-22 所示。

图 5-22 计算单元表格数据导入方式

提示：建议用户先导出 Excel 文件，生成对应的标准文件，编辑好之后再导入。

本实例中，在弹出的数据导入窗口中选择 itpuu.csv 文件，如图 5-23 所示。

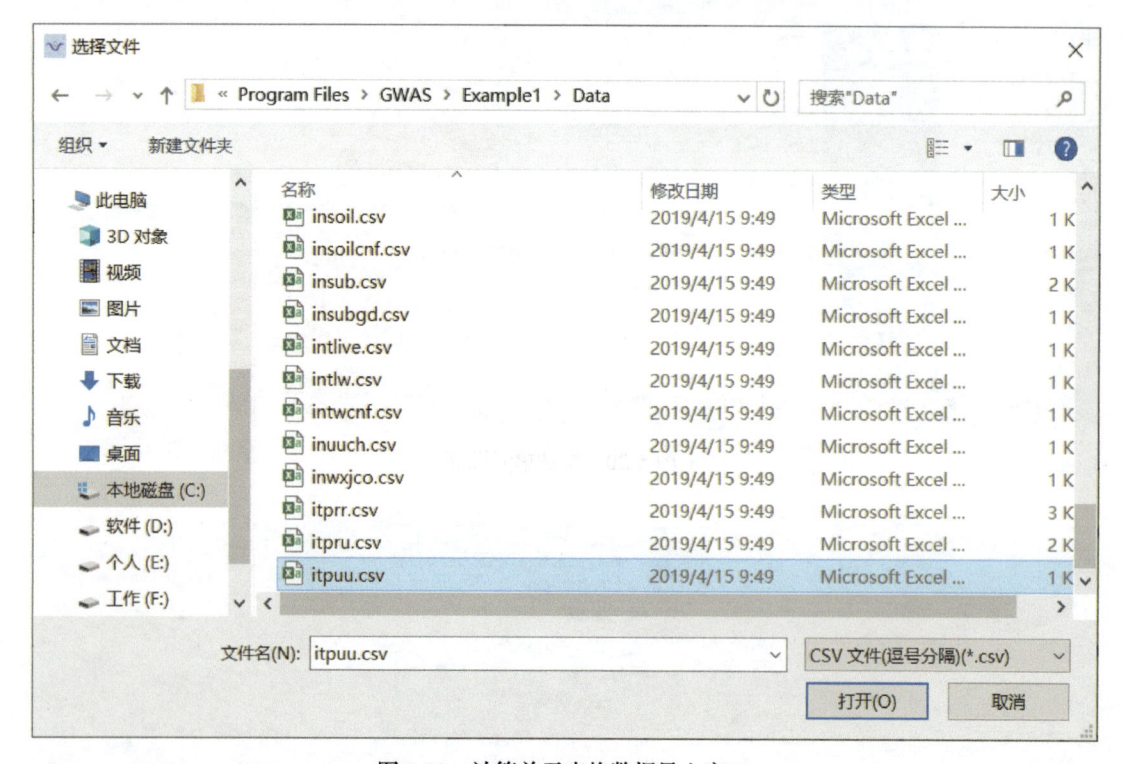

图 5-23 计算单元表格数据导入窗口

在完成之后，双击单元—单元关系节点，在打开的表格中显示导入的单元—单元关系，如图 5-24 所示。

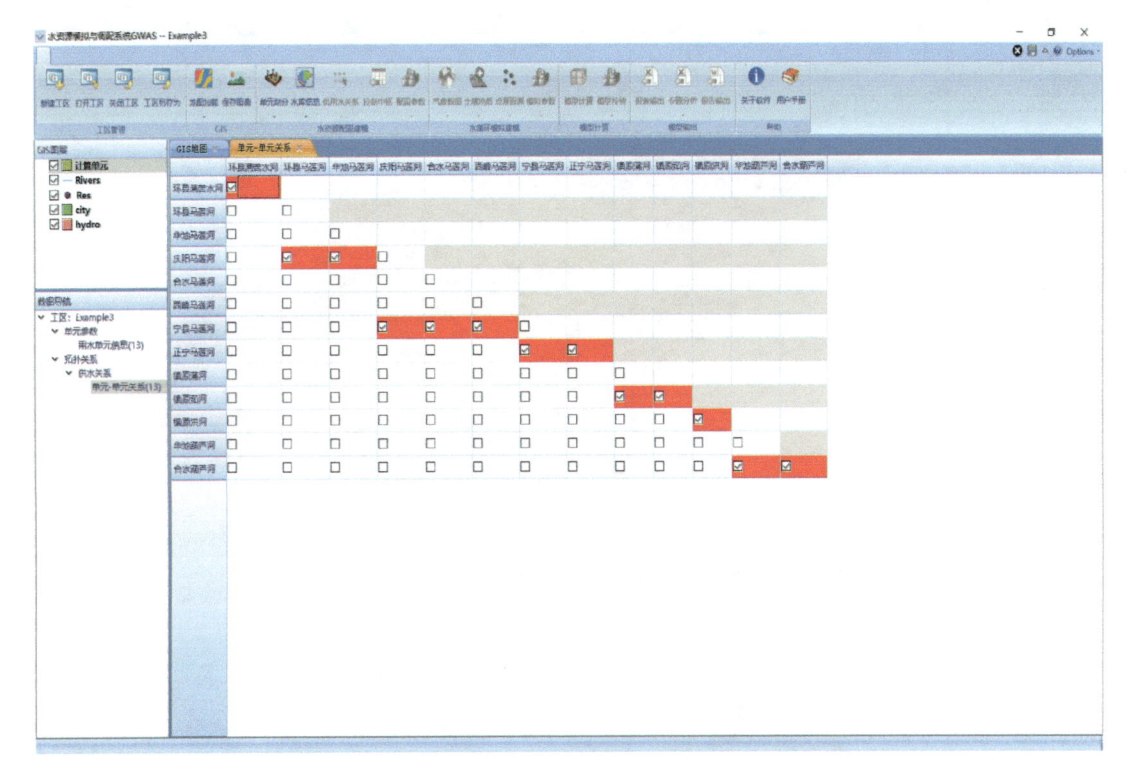

图 5-24　计算单元拓扑关系表

在单元—单元关系上右键单击，并在弹出菜单栏中单击生成拓扑关系图，如图 5-25 所示。

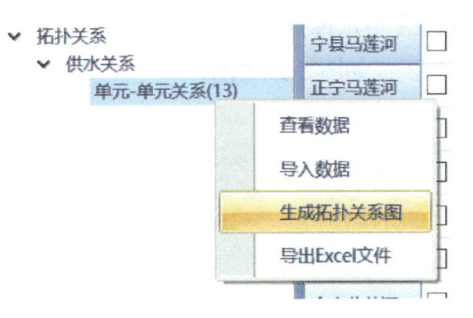

图 5-25　计算单元拓扑关系图自动生成

此时，会生成一个单元—单元供水关系图层，以箭头显示用水单元之间的供水关系，如图 5-26 所示。

5.4.4　水库信息提取

水库信息提取是指从水库图层提取水库信息。单击主工具栏中水库信息 / 水库信息提取，如图 5-27 所示。

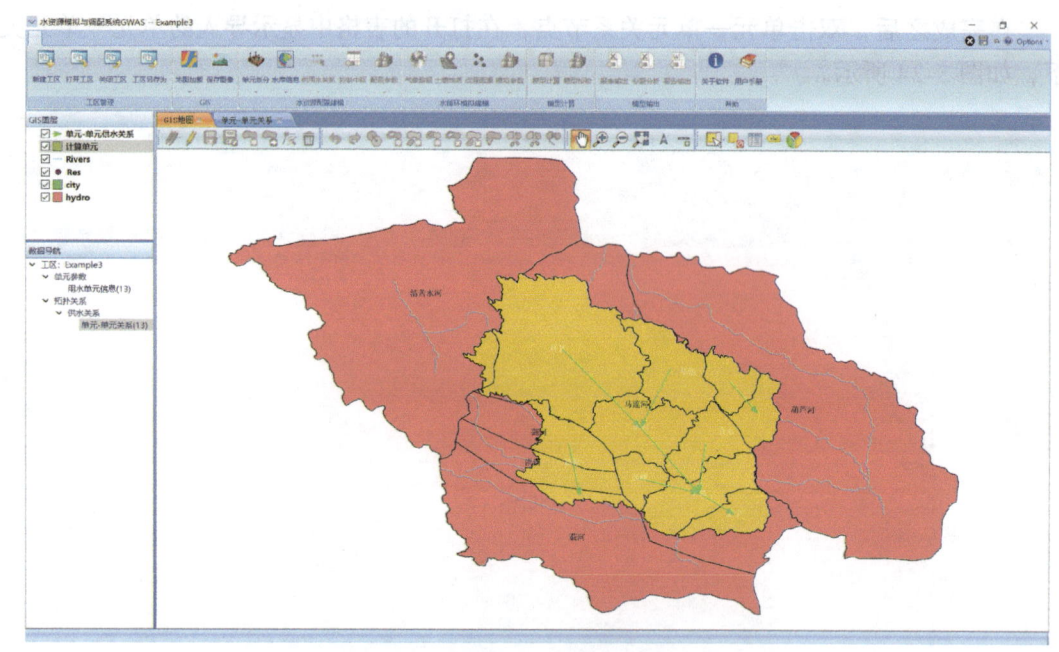

图 5-26 计算单元供水关系图层显示

图 5-27 水库信息提取

单击提取按钮，并检查表中水库顺序是否符合上游在前、下游在后的规律，若符合，单击存入数据表将其存到工区，如图 5-28 所示。

图 5-28 水库提取及水库排序

提示：GWAS 软件自动根据水资源分区的顺序初步进行排序，用户也可以根据区域特点，按照从上至下、从左至右的汇流关系，设置或调整水库顺序（也可以在 Excel 中编辑好顺序，复制过来进行排序。例如，打开 Data 文件夹中的 inres.crv 文件，复制其中的水库名列到上图表格中粘贴顺序）。

5.4.5　水库间拓扑关系

在数据管理器 / 供水关系 / 水库—水库关系上单击右键，在弹出菜单栏单击导入数据，将水库—水库关系数据 itprr.csv 导入工区（在一般情况下，使用 4.2.2 节水库—水库关系中的表格创建方法或者 GIS 地图上交互创建的方式，本实例由于已经制作了现成的数据，故使用导入的方法生成），如图 5-29 所示。

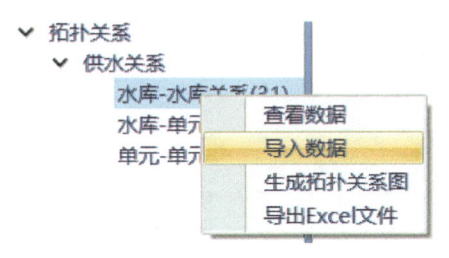

图 5-29　水库拓扑关系表数据导入

在弹出的水库拓扑关系表数据导入窗口选择该文件，单击打开按钮，如图 5-30 所示。

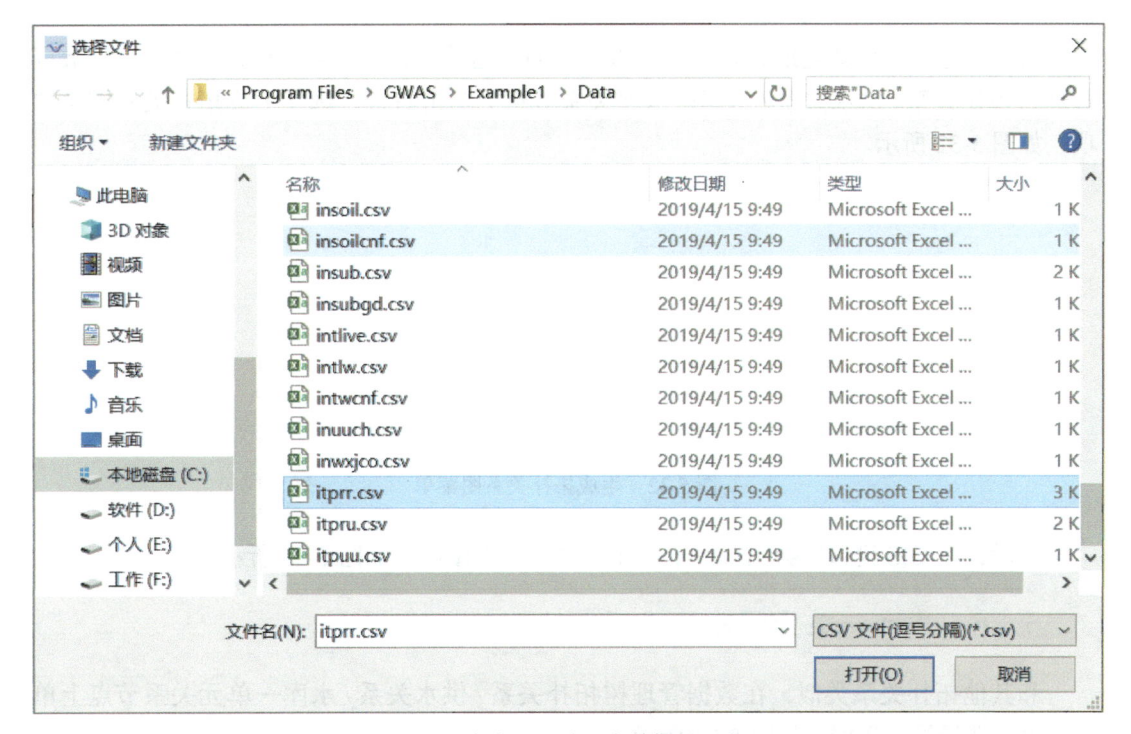

图 5-30　水库拓扑关系表数据导入窗口

完成之后，显示数据如图 5-31 所示。

图 5-31　水库拓扑关系表数据属性

为了在地图上形象化地查看水库与水库间的连通关系，可以生成拓扑关系图。在数据管理树拓扑关系/供水关系/水库—水库关系节点上单击右键，选择生成拓扑关系图菜单项，如图 5-32 所示。

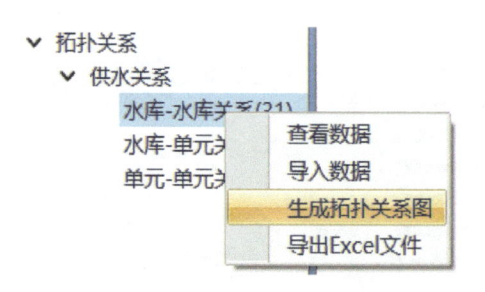

图 5-32　生成拓扑关系图菜单

之后，在 GIS 窗口中会出现一个水库—水库关系图层，如图 5-33 所示。

5.4.6　水库—单元间拓扑关系

和其他拓扑关系类似，在数据管理树拓扑关系/供水关系/水库—单元关系节点上单击右键，选择导入数据，如图 5-34 所示。

在弹出的选择文件窗口中选择导入 itpru.csv 文件，如图 5-35 所示。

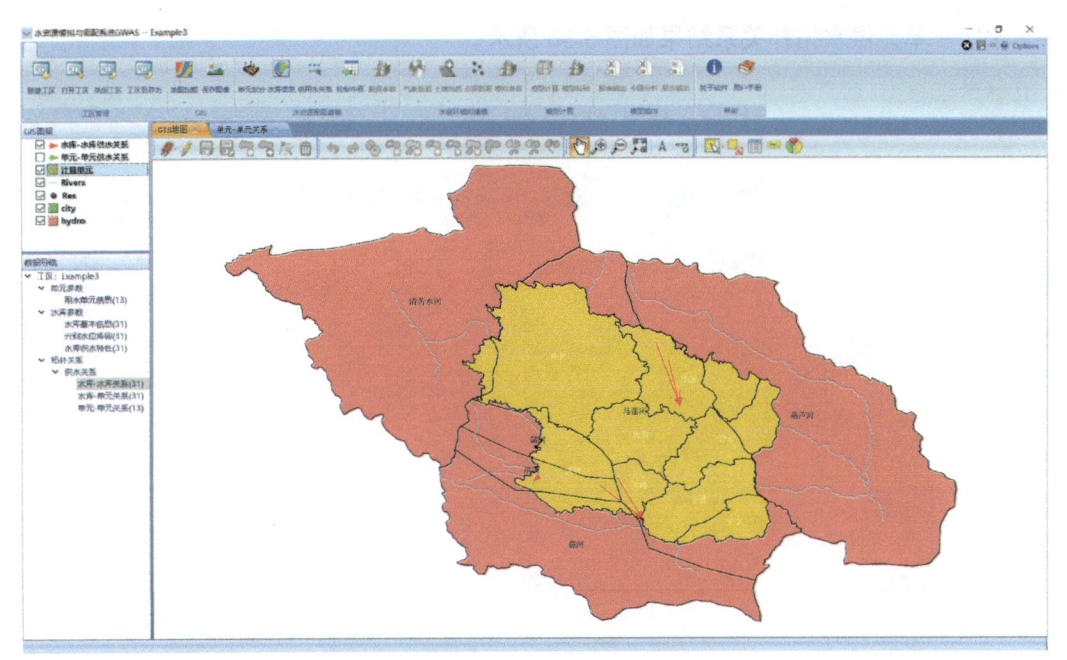

图 5-33　水库—水库拓扑关系图层生成

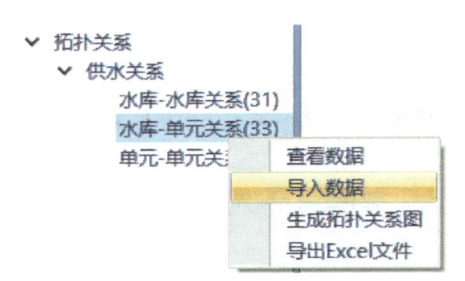

图 5-34　导入水库—单元拓扑关系菜单

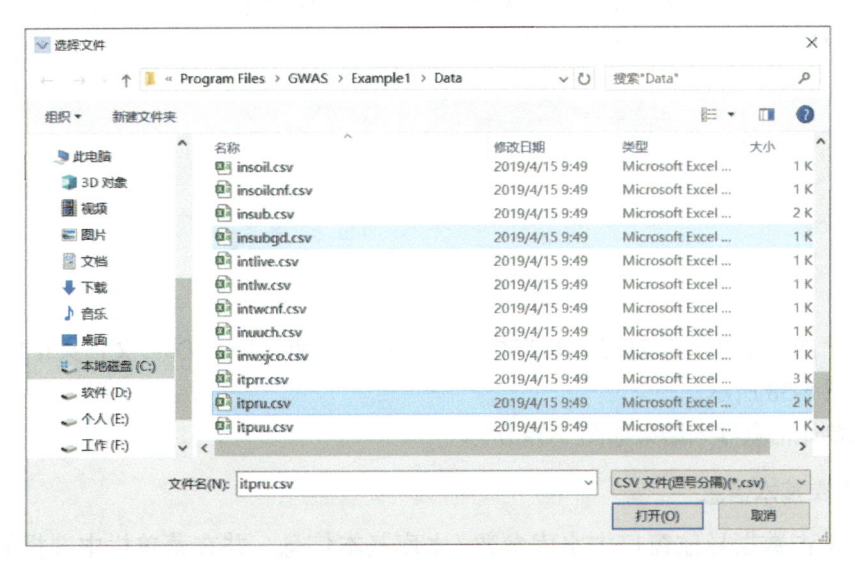

图 5-35　导入文件

水库—单元供水拓扑关系结果如图 5-36 所示。

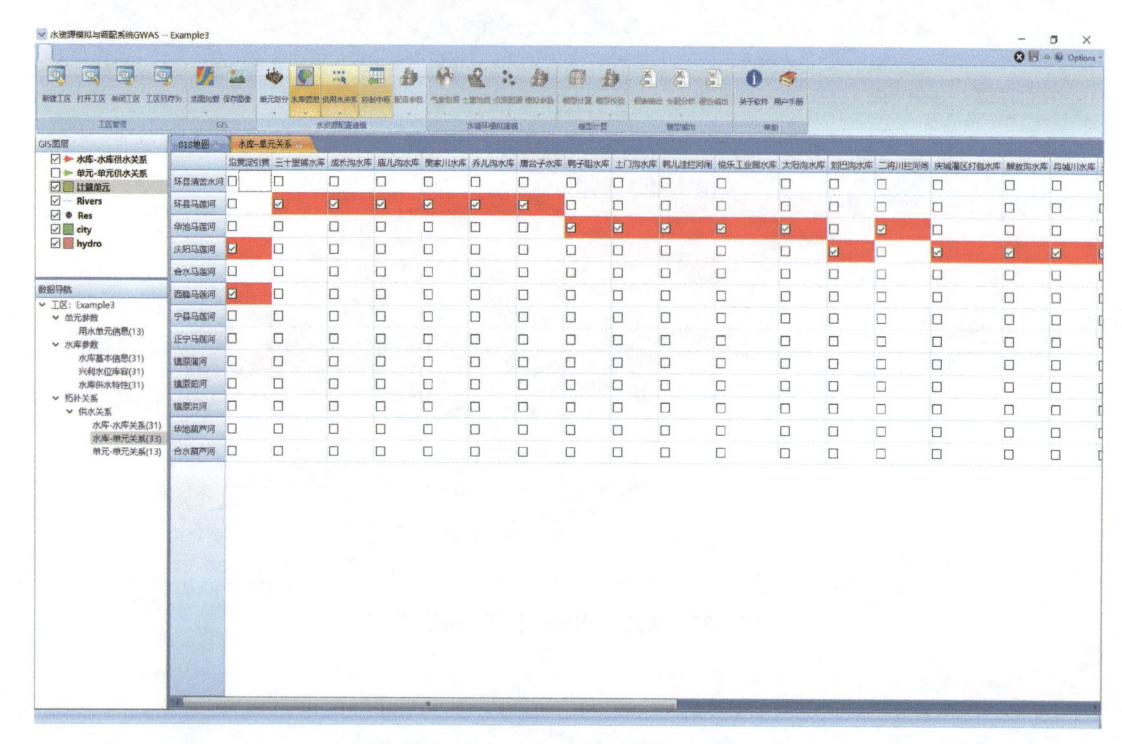

图 5-36　水库—单元供水拓扑关系属性表

5.4.7　水库与单元基本信息录入

1. 计算单元信息

在工区中新生成的用水单元只有来源于 GIS 的名称、ID、面积等基本信息，其他详细信息需要用户进行导入，如图 5-37 所示。

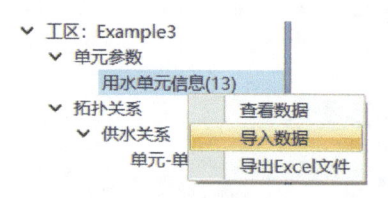

图 5-37　用水单元信息导入

在弹出的用水单元信息导入窗口中，单击打开按钮，导入 Data 文件夹中的 insub.csv 文件，如图 5-38 所示。

用水单元信息导入结果如图 5-39 所示。

2. 水库基本信息

右键单击数据导航窗口中水库参数/水库基本信息，并在菜单栏中选择导入数据，如图 5-40 所示。

图 5-38　用水单元信息数据导入窗口

图 5-39　用水单元信息数据导入结果

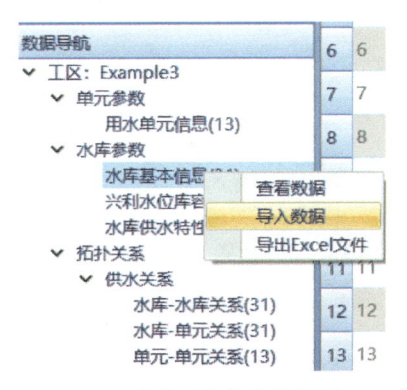

图 5-40　水库基本信息数据导入

在弹出的水库基本信息数据导入窗口中,单击打开按钮,将 inres.csv 文件导入工区,如图 5-41 所示。

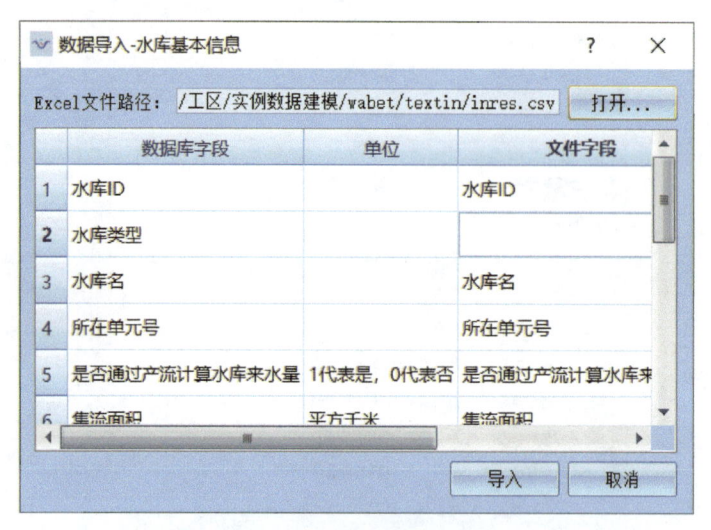

图 5-41 水库基本信息数据导入窗口

水库基本信息数据导入结果可以在相应节点下查看,如图 5-42 所示。

图 5-42 水库基本信息数据导入结果

3．水库兴利水位库容

右键单击数据导航窗口水库参数/兴利水位库容，在弹出菜单中单击导入数据，如图5-43所示。

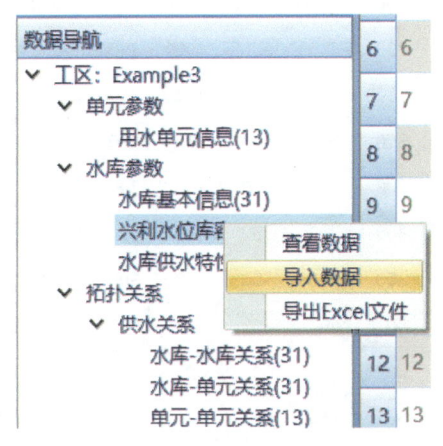

图5-43　兴利水位库容数据导入

在兴利水位库容数据导入窗口中，单击打开按钮，将inresv.csv文件导入工区，如图5-44所示。

图5-44　兴利水位库容数据导入窗口

兴利水位库容数据导入结果如图5-45所示。

4．水库供水特性

右键单击数据导航窗口水库参数/水库供水特性，在弹出菜单中单击导入数据，如图5-46所示。

在水库供水特征数据导入窗口中，单击打开按钮，将inresg.csv文件导入工区，如图5-47所示。

水库供水特性数据导入结果如图 5-48 所示。

	水库ID	水库名	1月	2月	3月	4月	5月	6月	7月	8月	9月	10月	11月	12月
1	1	沿黄淀引黄	4800	4800	4800	4800	4800	4800	1600	1600	1600	4800	4800	4800
2	2	三十里铺水库	3000	3000	3000	3000	3000	3000	1000	1000	1000	3000	3000	3000
3	3	成长沟水库	1800	1800	1800	1800	1800	1800	600	600	600	1800	1800	1800
4	4	庙儿沟水库	300	300	300	300	300	300	100	100	100	300	300	300
5	5	樊家川水库	300	300	300	300	300	300	100	100	100	300	300	300
6	6	乔儿沟水库	300	300	300	300	300	300	100	100	100	300	300	300
7	7	唐台子水库	300	300	300	300	300	300	100	100	100	300	300	300
8	8	鸭子咀水库	60	60	60	60	60	60	20	20	20	60	60	60
9	9	土门沟水库	60	60	60	60	60	60	20	20	20	60	60	60
10	10	鸭儿洼拦河闸	96	96	96	96	96	96	32	32	32	96	96	96
11	11	悦乐工业园水库	120	120	120	120	120	120	40	40	40	120	120	120
12	12	太阳沟水库	60	60	60	60	60	60	20	20	20	60	60	60
13	13	刘巴沟水库	120	120	120	120	120	120	40	40	40	120	120	120
14	14	二将川拦河闸	120	120	120	120	120	120	40	40	40	120	120	120
15	15	庆城灌区打包水库	120	120	120	120	120	120	40	40	40	120	120	120
16	16	解放沟水库	390	390	390	390	390	390	130	130	130	390	390	390
17	17	冉城川水库	120	120	120	120	120	120	40	40	40	120	120	120
18	18	王家湾水库	1255.2	1255.2	1255.2	1255.2	1255.2	1255.2	418.4	418.4	418.4	1255.2	1255.2	1255.2
19	19	砚瓦川水库	1260	1260	1260	1260	1260	1260	420	420	420	1260	1260	1260
20	20	合水灌区打包水库	120	120	120	120	120	120	40	40	40	120	120	120
21	21	瓦岗川水库	120	120	120	120	120	120	40	40	40	120	120	120
22	22	北川水库	120	120	120	120	120	120	40	40	40	120	120	120
23	23	新村水库	246.6	246.6	246.6	246.6	246.6	246.6	82.2	82.2	82.2	246.6	246.6	246.6
24	24	百吉坡水库	339	339	339	339	339	339	113	113	113	339	339	339

图 5-45 兴利水位库容数据导入结果

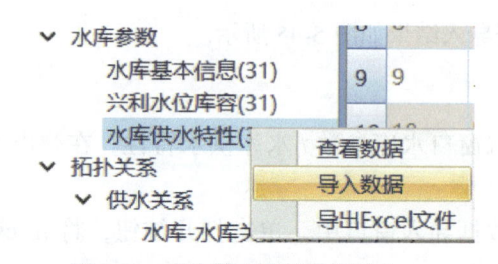

图 5-46 水库供水特性数据导入

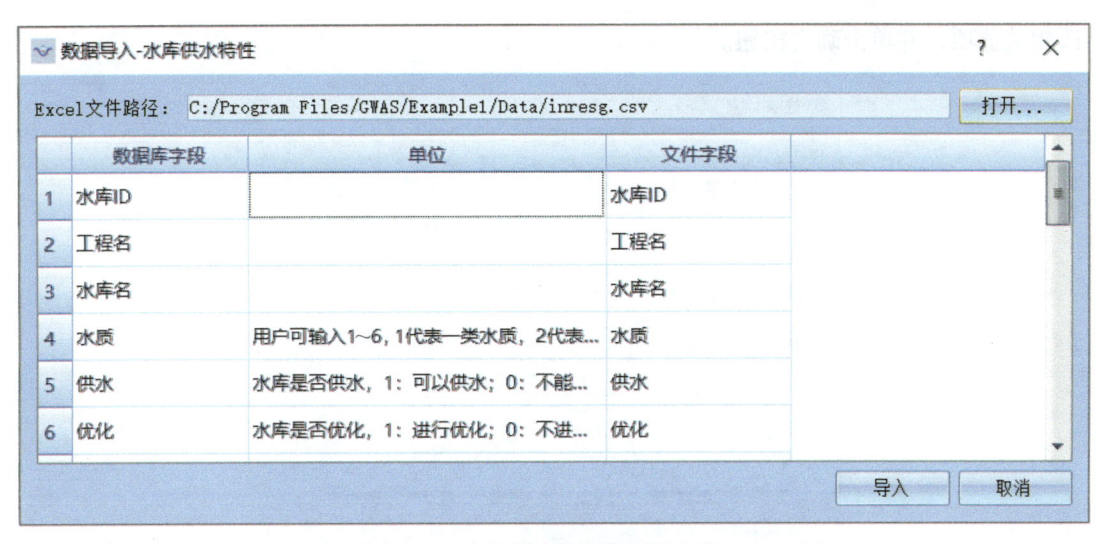

图 5-47 水库供水特性数据导入窗口

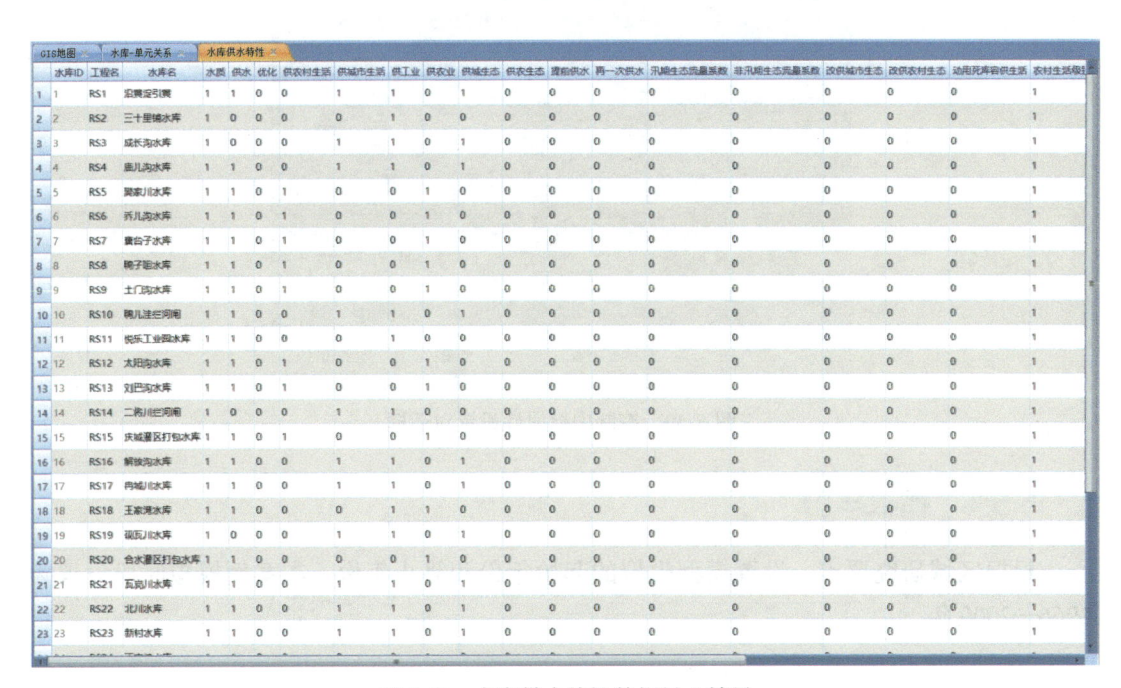

图 5-48 水库供水特性数据导入结果

5.5 控制中枢

在完成各种基本信息导入和生成后，就需要控制模型的运行方式，并了解研究区的水源水量水质、用户情况，根据研究区实际情况进行定制。

单击主工具栏中控制中枢按钮，弹出控制中枢属性设置对话框，按照如图 5-49 所示勾选相关选项，并单击确定按钮。

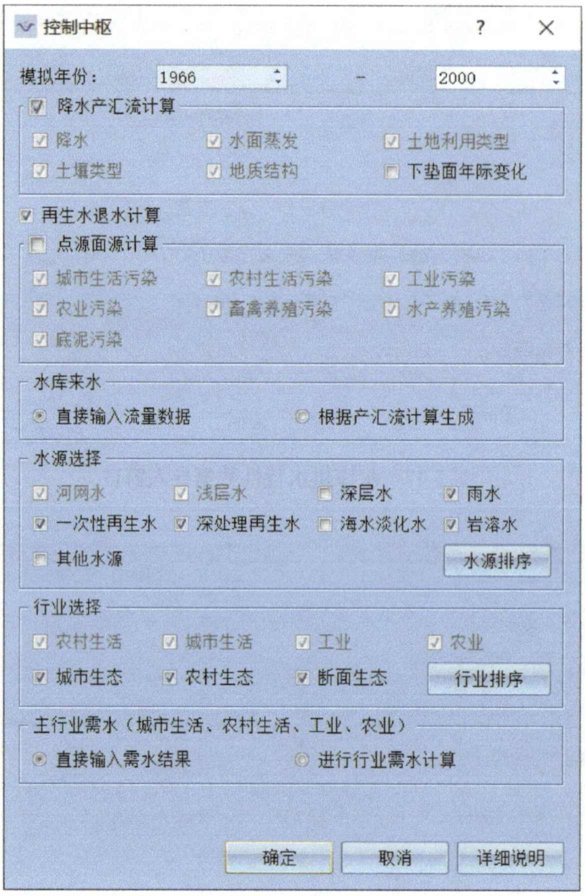

图 5-49　控制中枢属性设置对话框

5.5.1　模拟年份

根据区域研究要求，设置模型模拟的起始年份和终止年份，本案例模拟时段设置为 1966—2000 年。

5.5.2　降水产汇流计算

GWAS 软件默认所需的文件必须由用户输入，其中下垫面土地利用类型是否存在年际变化由用户选择。本案例的下垫面默认为固定，不存在年际变化。

5.5.3　再生水退水计算

将再生水退水计算勾选之后，GWAS 软件将根据每个时段城市生活、工业用水和耗水情况，并考虑再生水厂的处理能力、行业污水产生系数、污水收集率等进行计算。同时，左下侧导航窗口会生成对应的输入表。本案例不展示污染模拟计算。

5.5.4 点源面源计算

GWAS 软件默认所需的文件必须由用户输入。因此，在勾选点源面源计算相关选项后，左下侧导航窗口会生成对应的输入表。本案例不展示污染模拟计算。

5.5.5 水库来水

本案例选择由模型水循环根据产汇流计算生成入库流量。

5.5.6 水源选择

河网水、浅层水是必选项，其他水源由用户自主选择。同时，用户可以根据研究区实际情况设置水源的供水先后次序。

5.5.7 行业选择

农村生活、城市生活、工业、农业是必选项，其他行业由用户自主选择。同时，用户可以根据要求设置用水行业的用水先后次序。

5.5.8 主行业需水选择

GWAS 软件可以直接输入计算单元各用水户的时段需水量，也可以根据规模、定额计算对应的行业需水量（本选择功能在完善中）。本案例选择直接输入时段需水量。

5.6 配置参数

5.6.1 供水时段数据

在供水时段数据中，只有水库、本地河网、浅层水、雨水数据为有效数据，故 5.5 节中在设置控制中枢时只选择了这 4 种数据。

导入时段入库径流量数据，如图 5-50 所示。

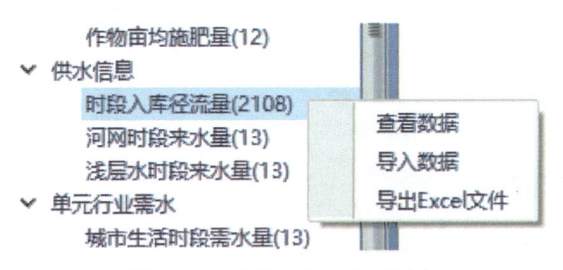

图 5-50 时段入库径流量导入

在弹出的时段入库径流量数据导入窗口中，单击打开按钮，选择 inresin.csv 文件导入，如图 5-51 所示。

图 5-51　时段入库径流量数据导入窗口

河网时段来水量数据选择 inrivin.csv 文件导入，如图 5-52 所示。

图 5-52　河网时段来水量数据导入窗口

浅层水时段来水量数据选择 ingwin.csv 文件导入，如图 5-53 所示。

图 5-53　浅层水时段来水量数据导入窗口

雨水时段来水量数据选择 inrain.csv 文件导入，如图 5-54 所示。

图 5-54　雨水时段来水量数据导入窗口

5.6.2　需水时段数据

在单元行业需水 / 城市生活时段需水量右键菜单上单击导入数据，如图 5-55 所示。

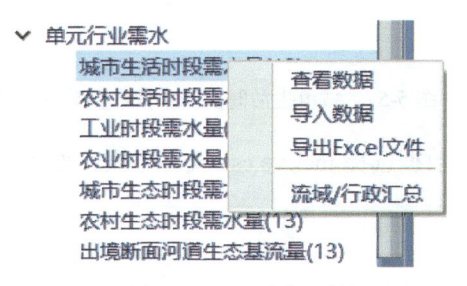

图 5-55　城市生活时段需水量数据导入

城市生活时段需水量数据选择 intlive.csv 文件导入，如图 5-56 所示。

图 5-56　城市生活时段需水量数据导入窗口

城市生活时段需水量数据导入结果如图 5-57 所示。

	单元ID	用水单元名	1月	2月	3月	4月	5月	6月	7月	8月	9月	10月	11月	12月	全年
1	1	环县清苦水河	0	0	0	0	0	0	0	0	0	0	0	0	0
2	2	环县马莲河	11.13	11.13	11.13	11.13	11.13	11.13	11.13	11.13	11.13	11.13	11.13	11.13	133.56
3	3	华池马莲河	5.7	5.7	5.7	5.7	5.7	5.7	5.7	5.7	5.7	5.7	5.7	5.7	68.4
4	4	庆阳马莲河	24.52	24.52	24.52	24.52	24.52	24.52	24.52	24.52	24.52	24.52	24.52	24.52	294.24
5	5	合水马莲河	6.85	6.85	6.85	6.85	6.85	6.85	6.85	6.85	6.85	6.85	6.85	6.85	82.2
6	6	西峰马莲河	31.5	31.5	31.5	31.5	31.5	31.5	31.5	31.5	31.5	31.5	31.5	31.5	378
7	7	宁县马莲河	19.11	19.11	19.11	19.11	19.11	19.11	19.11	19.11	19.11	19.11	19.11	19.11	229.32
8	8	正宁马莲河	12.66	12.66	12.66	12.66	12.66	12.66	12.66	12.66	12.66	12.66	12.66	12.66	151.92
9	9	镇原蒲河	0	0	0	0	0	0	0	0	0	0	0	0	0
10	10	镇原茹河	26.83	26.83	26.83	26.83	26.83	26.83	26.83	26.83	26.83	26.83	26.83	26.83	321.96
11	11	镇原洪河	0	0	0	0	0	0	0	0	0	0	0	0	0
12	12	华池葫芦河	0	0	0	0	0	0	0	0	0	0	0	0	0
13	13	合水葫芦河	0	0	0	0	0	0	0	0	0	0	0	0	0

图 5-57　城市生活时段需水量数据导入结果

农村生活时段需水量数据选择 inclive.csv 文件导入，如图 5-58 所示。

图 5-58　农村生活时段需水量数据导入窗口

工业时段需水量数据选择 inindu.csv 文件导入，如图 5-59 所示。
农业时段需水量数据选择 infarm.csv 文件导入，如图 5-60 所示。
城市生态时段需水量数据选择 inbio.csv 文件导入，如图 5-61 所示。

图 5-59　工业时段需水量数据导入窗口

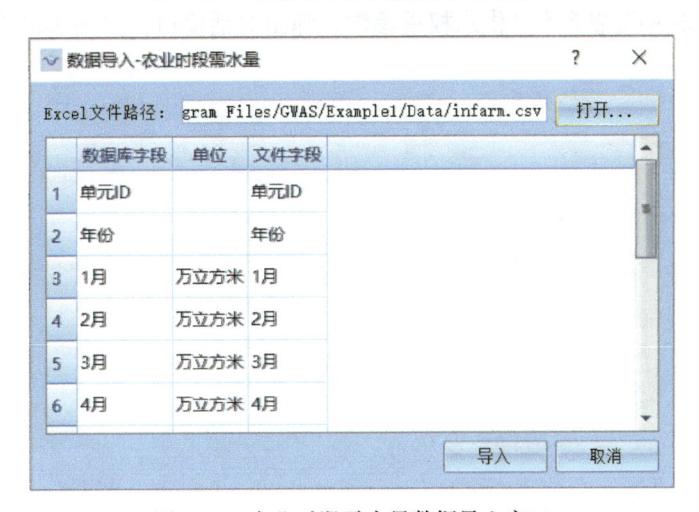

图 5-60　农业时段需水量数据导入窗口

图 5-61　城市生态时段需水量数据导入窗口

5.6.3 供水权重参数

通过文件导入或输入的方式，录入 GWAS 软件的供水权重参数，即用水单元各行业用水比例，如图 5-62 所示。

图 5-62　水源供给行业的供水权重参数

单击主工具栏中配置参数/供水权重参数，弹出对话窗口，如图 5-63 所示。

图 5-63　本地河网水供给行业的供水权重参数窗口

1. 河网水

在 Excel 中打开 inrivinp.csv 文件，复制各单元数据（只复制数据，计算单元列及表头不要复制),如图 5-64 所示。

图 5-64　本地河网水供给行业的供水权重参数复制

单击第一个数据单元格,将复制的数据粘贴到 GWAS 软件表格中(请对数据进行调整,让其符合单元顺序),如图 5-65 所示。

图 5-65　本地河网水供给行业的供水权重参数粘贴

得到结果如图 5-66 所示:修改后的数据会以绿色高亮形式显示,直到对数据进行保存。

图 5-66 本地河网水供给行业的供水权重参数粘贴结果展示

2. 浅层水

打开 ingwinp.csv 文件，参照本地河网水的处理方法，复制数据并粘贴，结果如图 5-67 所示。

图 5-67 浅层水供给行业的供水权重参数粘贴结果

本供水权重参数中，其他几种水源的供水权重参数使用默认值，不需要修改。在完成数据粘贴之后，单击确定按钮完成几种水源的供水权重参数（分水比）录入。

5.6.4 河道蒸渗参数

GWAS 软件将河道蒸渗参数全部定义为 0，故此步骤不需要导入数据，用户可以打开数据文件夹中的 inuuch.csv（单元—单元）、inrrch.csv（水库—水库）、inruch.csv（水库—单元）3 个文件查看数据格式，如图 5-68 所示。

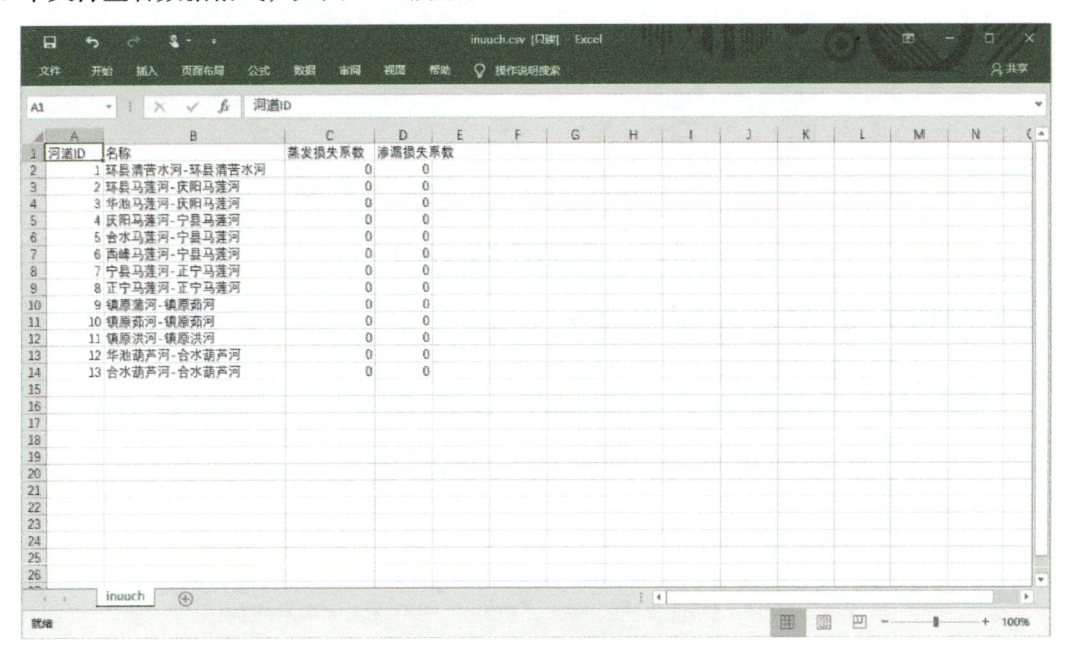

图 5-68　河道蒸渗参数格式展示

5.7 水循环模拟建模

5.7.1 气象数据

1. 单元降水

在用水单元属性 / 单元面降水量节点上单击右键，在弹出菜单栏中单击导入数据，如图 5-69 所示。

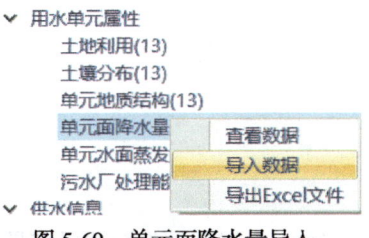

图 5-69　单元面降水量导入

在单元面降水量导入窗口中，单击打开按钮，选择 inpcp.csv 文件进行导入，如图 5-70 所示。

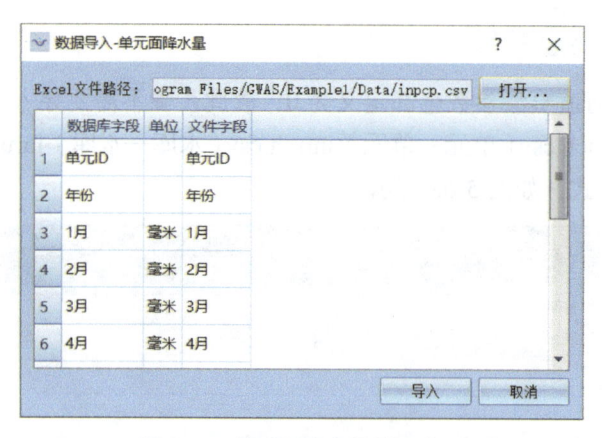

图 5-70　单元面降水量导入窗口

单元面降水量导入结果如图 5-71 所示。

序号	单元ID	年份	1月	2月	3月	4月	5月	6月	7月	8月	9月	10月	11月	12月	汇总
1	1	1966	1.7	1.69	18.78	15.94	11.79	77.01	120.84	100.16	86.03	17.67	24.29	0	0
2	1	1967	2.06	1.87	30.37	30.25	91.15	36.36	102.33	134.49	118.93	23.36	23.55	0	0
3	1	1968	3.28	3.48	18.45	31.41	12.45	36.39	104.29	220.88	33.16	58.34	27.9	1.43	0
4	1	1969	5.94	6.21	1.84	13.34	40.42	8.34	65.14	56.24	93.86	19.94	7.81	0	0
5	1	1970	0.13	13.95	12.8	17.39	49.31	45.11	45.65	139.43	46.81	21.43	0.49	0.15	0
6	1	1971	5.8	2.16	8.51	3.17	33.06	26.28	31.15	102.25	78.86	28.3	25.62	2.06	0
7	1	1972	3.08	14.58	20.74	28.39	19.43	20.72	84.57	74.39	7.64	22.6	9.6	2.53	0
8	1	1973	4.65	0.14	9.07	34.23	26.85	19.85	69.33	238.58	47.17	40.67	2.61	0	0
9	1	1974	7.57	8.72	7.67	15.92	66.63	30.08	55.2	24.43	47.59	23.74	9.47	8.04	0
10	1	1975	3.04	1.8	21.8	17.18	25.13	18.1	100.83	46.49	63.34	56.64	25.64	10.64	0
11	1	1976	0	9.13	3.17	28.61	20.49	36.32	123.32	125.12	82.65	9.88	0	4.02	0
12	1	1977	0	0	42.9	5.5	46.4	43.3	103.8	56	19	9.4	2.1	0	
13	1	1978	1.1	3.3	16.6	4.4	48.8	20.7	102.8	75.5	81	39.6	1	0	0
14	1	1979	0	0.5	6.6	7.2	8.9	42.9	140.3	44.6	65.7	11.4	20.4	0	0
15	1	1980	0	0	6.7	5.6	21.6	60	15.4	53	33.8	16.7	1	0	0
16	1	1981	3	0	9	16.2	0	77.7	95.5	59	39.3	5	1.4	1.4	0
17	1	1982	0	6	11.9	3.1	45.3	19.3	25.9	53.4	54.7	17.4	2	0	0
18	1	1983	1.5	0.5	0	13.5	87.3	37.3	8	28.6	33.3	20	0	1.5	0
19	1	1984	2	0	24.5	31.1	25.5	78.7	93.1	17.2	0	0	1.8	0	
20	1	1985	1	0	0	0	76.9	55.2	37.7	150.4	103.3	22	0	0	0
21	1	1986	0	0	5.5	0	23.8	49.4	58.7	51.2	5.6	1.5	0	1.5	0
22	1	1987	0.16	4.37	10.71	9.55	22.51	49.5	100.89	37.88	43.56	22.54	25.27	0	0
23	1	1988	1	0	5.6	13.5	0	55.3	53.5	79.1	69	53.6	35.3	0	2	0
24	1	1989	23.5	5.2	3	59.6	11.5	54	42.5	66	48.6	22	15.3	0	0

图 5-71　单元面降水量导入结果

2. 单元蒸发

在用水单元属性/单元水面蒸发能力节点上单击右键，在弹出菜单栏上单击导入数据，如图 5-72 所示。

在单元水面蒸发能力导入窗口，单击打开按钮，选择 inpet.csv 文件进行导入，如图 5-73 所示。

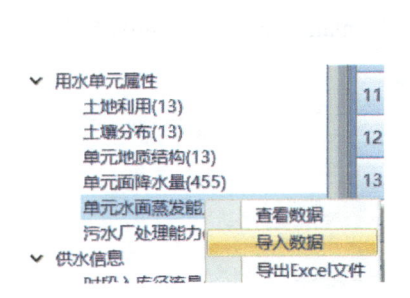

图 5-72　单元水面蒸发能力导入　　　　图 5-73　单元水面蒸发能力导入窗口

单元水面蒸发能力导入结果如图 5-74 所示。

	单元ID	年份	1月	2月	3月	4月	5月	6月	7月	8月	9月	10月	11月	12月	汇总
1	1	1966	43.97	56.97	78.37	111.58	158.42	173.72	135.33	123.59	166.995	63.76	46.38	31.19	0
2	1	1967	36.45	34.98	66.14	83.73	127.54	153.06	149.15	103.12	275.28	57.3	24.96	16.57	0
3	1	1968	23.45	34.29	69.42	97.33	141.87	170.37	144.3	405.6	72.69	46.57	30.45	26.61	0
4	1	1969	27.21	26.24	71.68	111.09	152.75	171	37.335	138.55	195.525	61.86	40.38	29	0
5	1	1970	35.52	39.06	67.23	115.02	148.31	155.17	180.1	104.11	19.865	63.86	49.35	34.69	0
6	1	1971	29.82	36.24	77.17	120.76	163.81	152.02	193.64	23.348	74.87	59.64	29.98	25.6	0
7	1	1972	26.7	27.2	62.41	102.89	139.31	180.1	145.13	146.14	104.55	70.66	42.6	29.51	0
8	1	1973	24.87	47.32	82.35	126.78	140.72	178.03	163.83	146.26	82.54	47.8	42.56	33.93	0
9	1	1974	23.93	31.04	67.21	134.48	143.26	174.27	178	154.62	84.29	60.7	35.15	21.77	0
10	1	1975	23.64	44.13	63.67	103.5	135.99	171.99	158.05	155.64	2270.88	43.76	28.63	17.56	0
11	1	1976	31.43	36.19	69.4	87.5	154.94	151.11	144.25	366.32	75.16	61.47	40.71	23.06	0
12	1	1977	23.56	46.79	87.96	102.79	135.36	160.95	14.565	11.139	77.84	67.75	31.19	27.66	0
13	1	1978	31.53	37.65	66.21	133.56	161.76	156.74	134.55	138.76	80.02	52.69	32.32	29.01	0
14	1	1979	35.99	46.89	69.59	119.45	147.6	175.93	266.22	117.02	73.6	68.65	39.17	26.53	0
15	1	1980	18.552	24.312	43.024	74.416	85.648	93.328	87.872	82.992	62.424	40.48	27.504	21.648	0
16	1	1981	22.62	41.86	92.75	103.11	169.42	161.32	144.49	276.39	171.045	56.95	36.98	30.1	0
17	1	1982	33.64	33.17	63.71	116.78	152.04	173.89	172.93	114.28	68.86	61.82	31.81	28.01	0
18	1	1983	26.15	36.84	65.11	103.56	121.34	135.86	156.92	306.885	172.515	45.88	35.77	21.13	0
19	1	1984	21.76	35.56	76.91	101.15	125.33	131.36	115.13	28.365	69.72	60.07	35.42	18.33	0
20	1	1985	25.97	40.97	66.4	131.46	121.81	135.41	138.62	118.19	60.53	44.75	38.63	30.24	0
21	1	1986	37.98	46.23	68.93	96.5	140.55	117.62	142.73	127.41	107.06	58.69	31.4	21.92	0
22	1	1987	33.96	44.35	70.62	115.82	131.66	133.03	158.73	144.9	99.99	69.68	31.48	22.55	0
23	1	1988	25.69	32.32	38.53	111.77	109.51	140.29	120.22	99.12	67.4	43.85	38.55	25.79	0
24	1	1989	398.25	117.9	291.4	410.5	638.5	589.35	33.105	2593.75	2277.75	1537.75	616.75	584.75	0

图 5-74　单元水面蒸发能力导入结果

另外，鉴于本案例不展示污染模拟计算，故点源面源/化肥施用、模拟参数/污染入河参数、点源面源/再生水排放在本部分不做介绍。

5.7.2 土壤地质

1. 土地利用

在用水单元属性/土地利用节点上单击右键，在弹出菜单栏单击导入数据，如图 5-75 所示。

在土地利用类型导入窗口中，单击打开按钮，导入 inland.csv 文件，如图 5-76 所示。

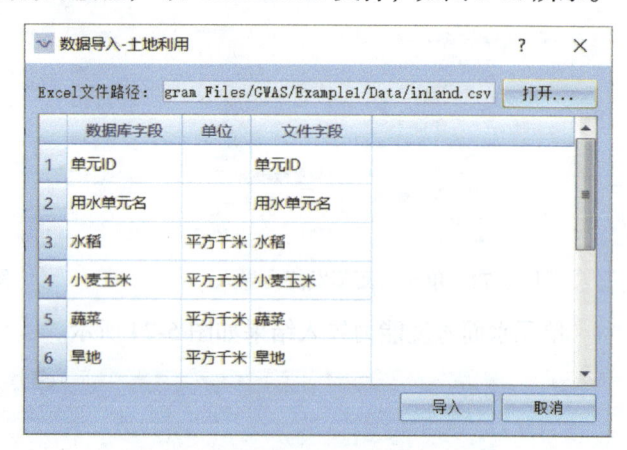

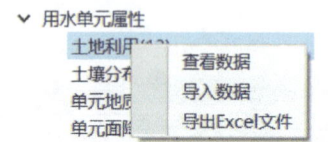

图 5-75 土地利用类型数据导入　　　　图 5-76 土地利用类型数据导入窗口

土地利用类型数据导入结果如图 5-77 所示。

单元ID	用水单元名	水稻	小麦玉米	蔬菜	旱地	园地	林地	草地	交通城镇居工地	水域	总未利用地
1	环县清苦水河	0	0	0	0	0	60.46	1279.68	37.87	6.55	536.44
2	环县马莲河	0	24.84	3	852.33	26.47	230.21	4872.92	144.2	24.92	1136.11
3	华池马莲河	0	3.52	1.26	96.01	6.93	819.17	1154.63	44.42	8.3	505.76
4	庆阳马莲河	0	15.05	8.44	513.17	31.2	265.13	1168.73	147.33	18.27	505.38
5	合水马莲河	2.72	5.07	8.88	163.49	27.89	984.69	453.23	34.32	8.18	109.63
6	西峰马莲河	0	42	41.94	271.5	22.67	64.62	323.62	113.79	7.12	109.04
7	宁县马莲河	0	32.47	9.69	564.33	43.8	1148.73	48.13	194.87	22.6	568.38
8	正宁马莲河	0	10.25	5.53	272.83	32.4	420.13	292.4	71.47	6.07	217.92
9	镇原蒲河	0	20.75	13.81	0	516.48	263.7	552.68	148.02	17.79	376.57
10	镇原茹河	0	8.3	5.53	0	206.59	87.9	184.23	49.35	5.93	88.77
11	镇原洪河	0	12.45	8.29	0	309.89	131.67	275.96	73.91	8.88	132.55
12	华池葫芦河	0	5.29	1.89	144.02	1.73	352.49	496.84	19.12	3.57	111.05
13	合水葫芦河	0.68	1.27	2.22	40.87	6.97	645.05	296.9	22.48	5.36	156.1

图 5-77 土地利用类型数据导入结果

2. 土壤分布

在用水单元属性/土壤分布节点上单击右键，在弹出菜单栏单击导入数据，如图 5-78 所示。

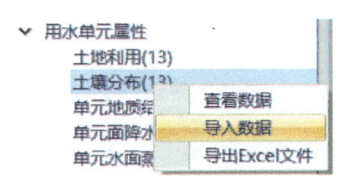

图 5-78　土壤分布数据导入

在土壤分布数据导入窗口中，单击打开按钮，选择 insoil.csv 文件进行导入，如图 5-79 所示。

图 5-79　土壤分布数据导入窗口

土壤分布数据导入结果如图 5-80 所示。

图 5-80　土壤分布数据导入结果

3. 地质结构

在用水单元属性 / 单元地质结构节点上单击右键，在弹出菜单栏中单击导入数据，如图 5-81 所示。

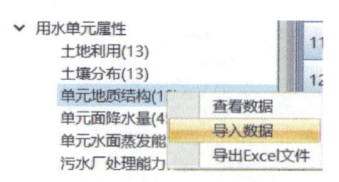

图 5-81　单元地质结构数据导入

在单元地质结构数据导入窗口中，单击打开按钮，选择 insubgd.csv 文件进行导入，如图 5-82 所示。

图 5-82　单元地质结构数据导入窗口

单元地质结构数据导入结果如图 5-83 所示。

图 5-83　单元地质结构数据导入结果

5.7.3 点源面源

本案例中对点源面源污染不进行模拟，故不需要对相关数据进行导入。

5.7.4 模拟参数

模拟参数包括产汇流参数和污染参数。这两种参数又包括多个数据表格，如图 5-84 所示。

图 5-84　水循环模拟参数

在主工具栏中单击模拟参数按钮，并选择产汇流参数，在弹出窗口中对相关参数进行调整。

土壤关键参数，需要复制 insoilcnf.csv 文件中的数据（见图 5-85），并粘贴到相应表格，如图 5-86 所示。土壤关键参数粘贴结果如图 5-87 所示。

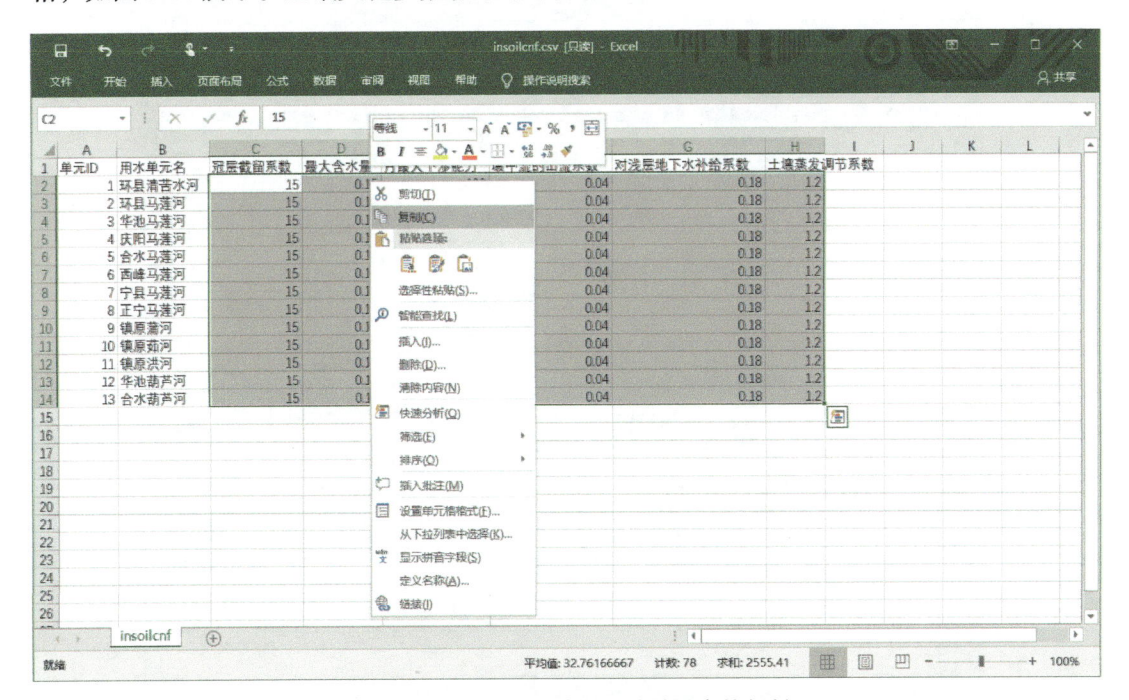

图 5-85　水循环模拟参数土壤关键参数复制

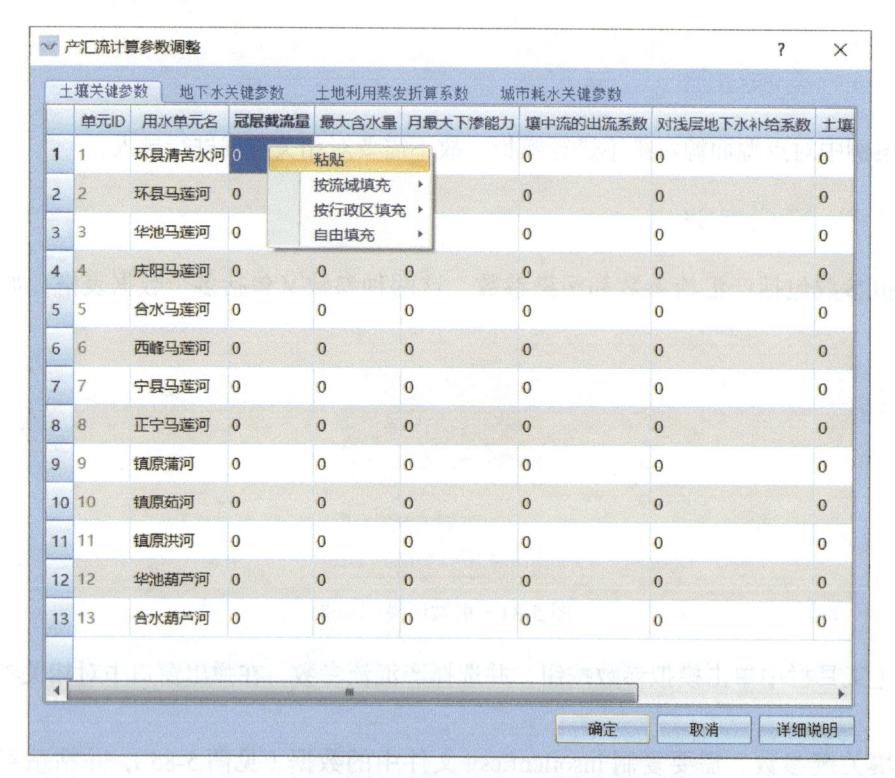

图 5-86　水循环模拟参数土壤关键参数复制、粘贴

图 5-87　水循环模拟参数土壤关键参数粘贴结果

地下水关键参数，需要将 ingwcnf.csv 表格中的数据复制、粘贴到软件表格中，如图 5-88、图 5-89 所示，粘贴结果如图 5-90 所示。

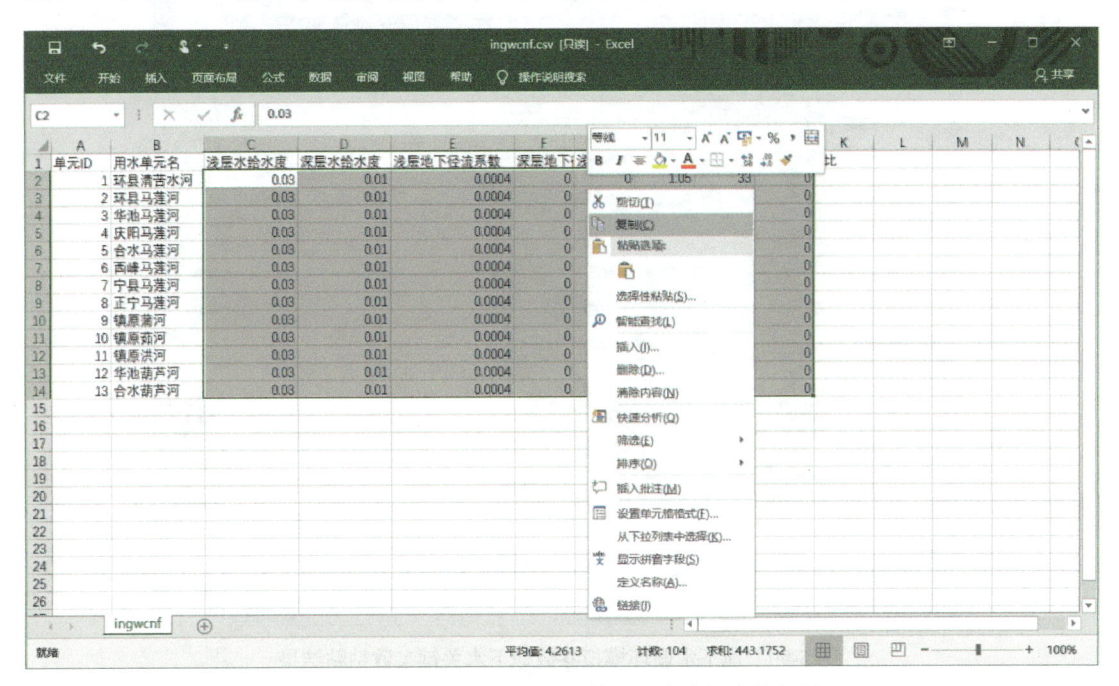

图 5-88　地下水循环模拟参数地下水关键参数复制

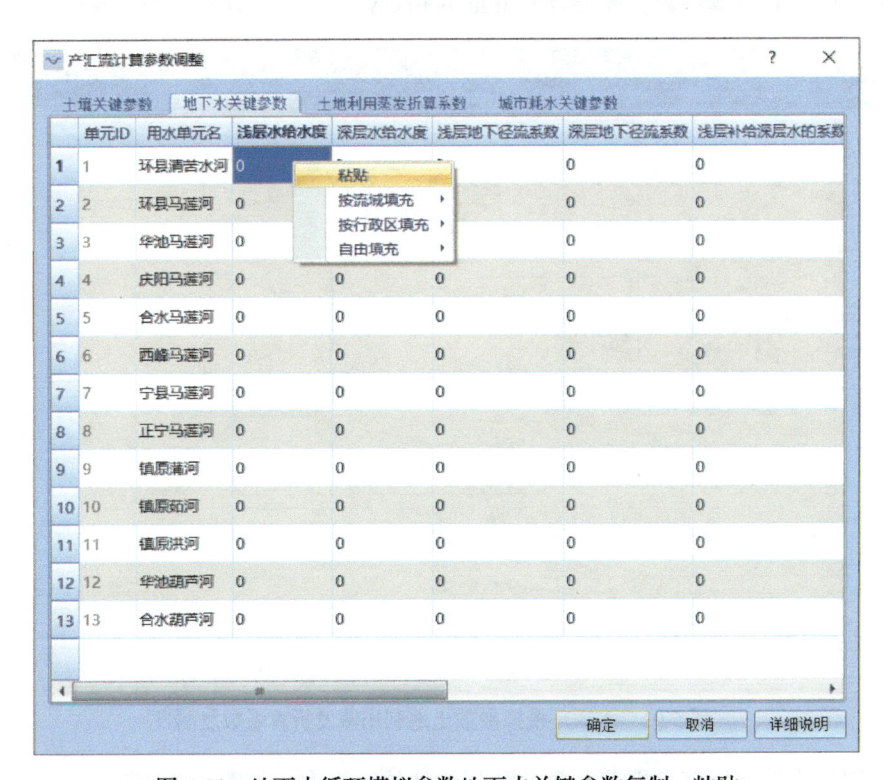

图 5-89　地下水循环模拟参数地下水关键参数复制、粘贴

图 5-90 地下水循环模拟参数地下水关键参数粘贴结果

土地利用蒸发折算系数，需要复制 inlandetc.csv 文件中的数据，如图 5-91 所示。

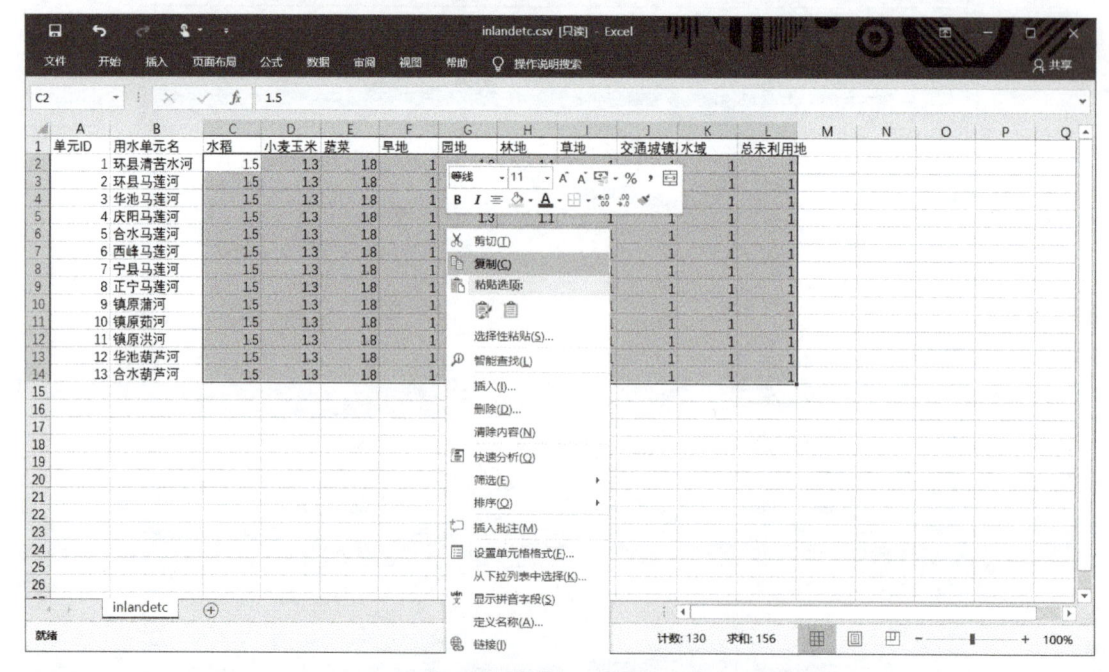

图 5-91 水循环模拟参数土地利用蒸发折算系数复制

将复制的土地利用蒸发折算系数粘贴到软件的表格中，如图 5-92 所示。

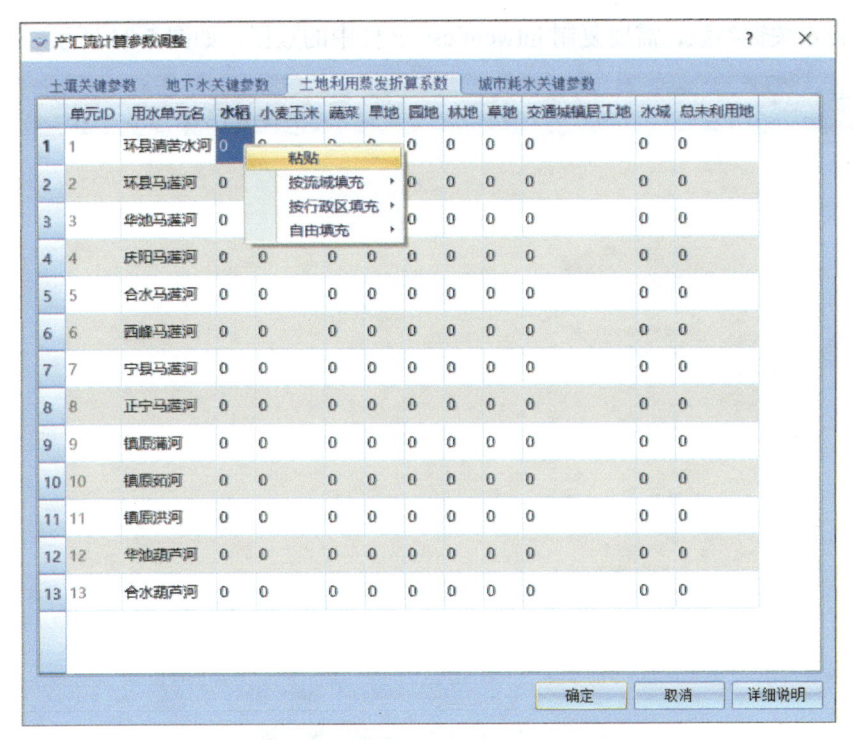

图 5-92 水循环模拟参数土地利用蒸发折算系数复制、粘贴

土地利用蒸发折算系数粘贴结果如图 5-93 所示。

图 5-93 水循环模拟参数土地利用蒸发折算系数粘贴结果

城市耗水关键参数，需要复制 intwcnf.csv 文件中的数据，如图 5-94 所示。

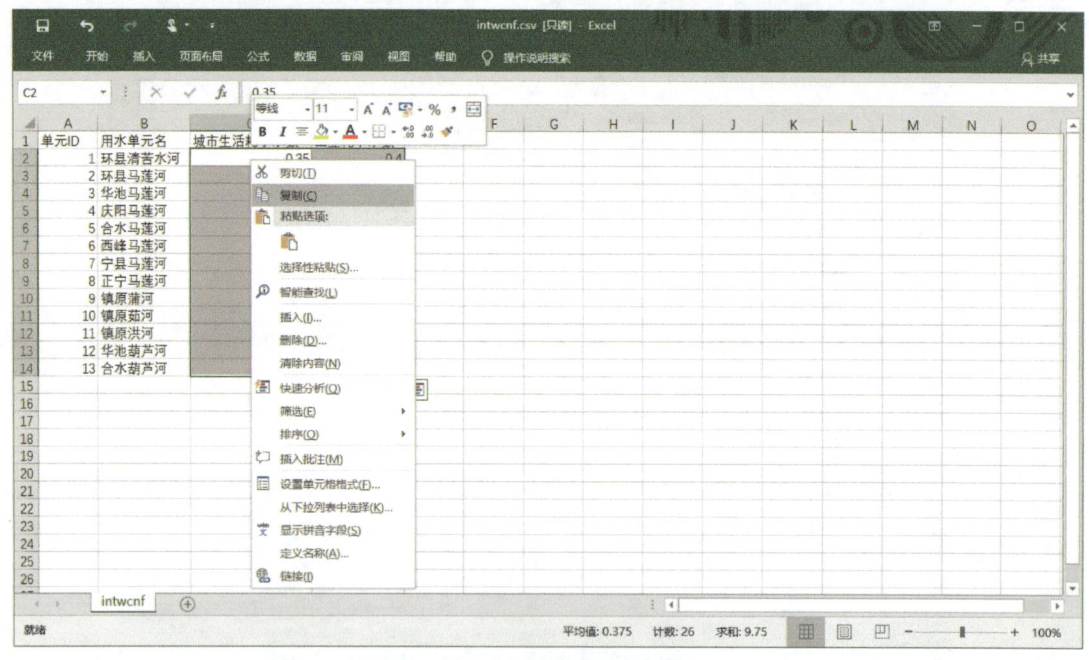

图 5-94　城市耗水关键参数复制

将复制数据粘贴到相应表格，此处需要注意的是，复制的数据是城市生活耗水系数和工业耗水系数，故应该在第 4 列第 1 行处粘贴，如图 5-95 所示。

图 5-95　城市耗水关键参数复制、粘贴

城市耗水关键参数粘贴结果如图 5-96 所示。

图 5-96　城市耗水关键参数粘贴结果

5.8　模型计算与校验

5.8.1　模型计算

模型计算主窗口如图 5-97 所示。

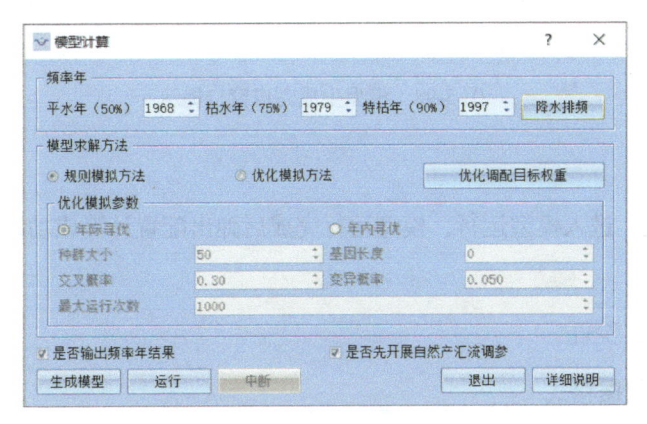

图 5-97　模型计算主窗口

模型计算主窗口各参数填写说明如下。

1. 频率年

GWAS 软件自动根据降水进行排频，初步找出对应的典型频率年。由于降水干旱、农业干旱不同，建议用户自主根据实际情况，并考虑上一年情况，综合确定对应的频率年。本案例频率年设置为 1968 年、1979 年、1997 年。

2. 模型求解方法

GWAS 软件提供规则模拟方法和优化模拟方法。本案例选择规则模拟方法（基于规则的配置求解方法）。

3. 是否先开展自然产汇流调参

GWAS 软件可以开展降水产流水循环模拟、水资源配置及二者统一响应的模拟。本案例先开展水循环模拟参数校验，然后根据产汇流水库来水结果开展区域水资源配置。因此，本案例选择先开展自然产汇流调参（模型自动关闭配置模块）。

4. 生成模型

单击生成模型按钮，GWAS 软件自动生成 WAS 模型所需的所有文件，并弹出窗口提示模型生成完成，如图 5-98 所示。

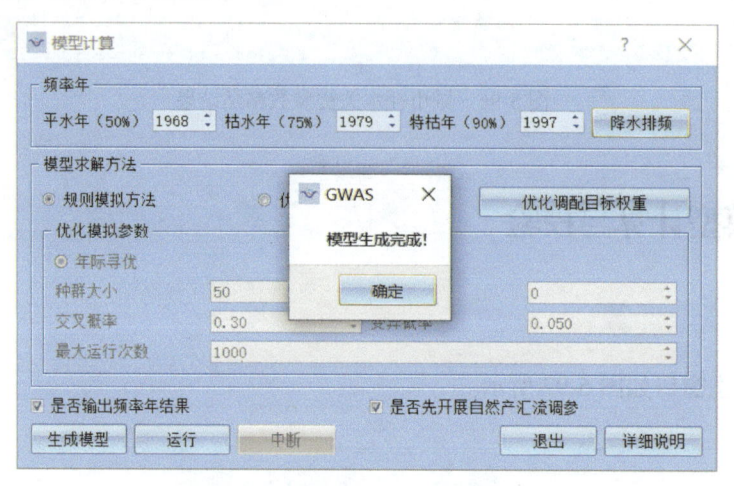

图 5-98　模型生成完成窗口提示

5. 模型运行

单击运行按钮，进入模型运行，模型运行完成后弹出配置计算成功结束的窗口提示，如图 5-99 所示。

5.8.2　模型校验

1. 模型校验数据格式

单击模型校验 / 校验数据格式，GWAS 软件自动生成模拟校验所需文件的标准格式，用户填入对应的实测数值即可，如图 5-100 所示。

图 5-99　模型运行完成提示窗口

图 5-100　校验数据格式菜单

单击主工具栏中模型校验/校验数据格式，弹出一个选择文件夹对话窗口，如图5-101所示。

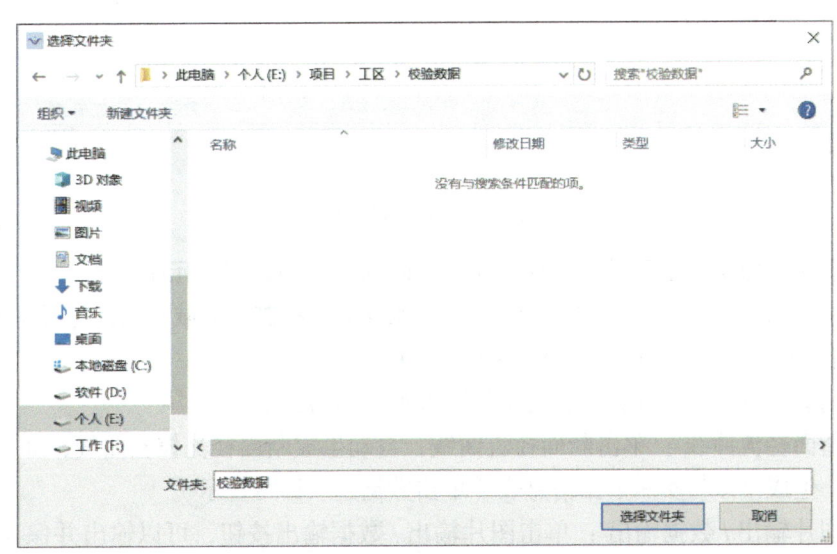

图 5-101　模型校验选择文件夹对话窗口

生成的模型校验文件模板如图 5-102 所示。

名称	修改日期	类型	大小
断面水质-COD.csv	2019/5/26 8:29	Microsoft Excel ...	4 KB
断面水质-TN.csv	2019/5/26 8:29	Microsoft Excel ...	4 KB
断面水质-TP.csv	2019/5/26 8:29	Microsoft Excel ...	4 KB
断面水质-氨氮.csv	2019/5/26 8:29	Microsoft Excel ...	4 KB
配置校验-单元供水量.csv	2019/5/26 8:29	Microsoft Excel ...	1 KB
配置校验-行业供水量.csv	2019/5/26 8:29	Microsoft Excel ...	1 KB
实测年径流-断面.csv	2019/5/26 8:29	Microsoft Excel ...	1 KB
实测月径流-断面.csv	2019/5/26 8:29	Microsoft Excel ...	4 KB

图 5-102　模型校验文件模板

2．水量过程校验

单击模型校验/水量过程，进入水量过程校验窗口，如图 5-103 所示。

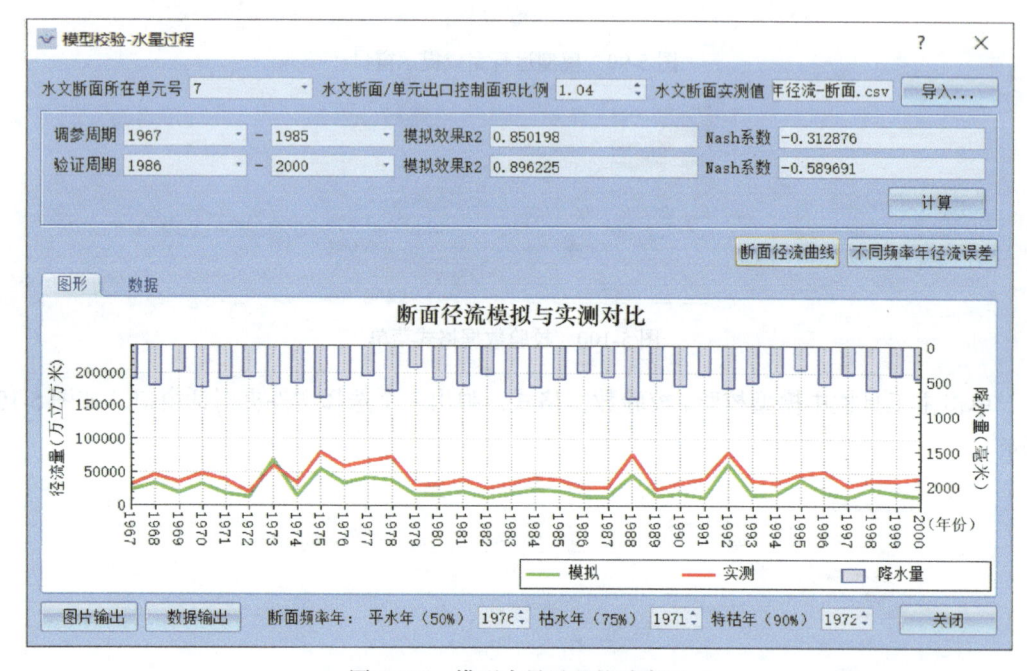

图 5-103　模型水量过程校验窗口

（1）水文断面所在单元号：选择实测水文断面所在的计算单元序号 7。

（2）水文断面/单元出口控制面积比例：水文断面控制的流域面积，与所在单元序号 7 以上所有单元的汇流面积的比值，本案例为 1.04。

（3）调参周期/验证周期：设置数据具体如图 5-103 所示。

（4）断面径流曲线：单击断面径流曲线，自动生成断面径流校验曲线，如图 5-103 所示。同时，生成模拟与实测数据信息表（单击数据选项即可显示）。

（5）图片输出/数据输出：单击图片输出/数据输出按钮，可以输出并保存对应的图片和表格。

3. 水资源配置校验

重新单击模型计算窗口，不选择是否先开展自然产汇流调参，单击生成模型按钮，结果如图 5-104 所示。

图 5-104　模型生成完成提示

单击运行按钮，完成配置计算，如图 5-105 所示。

图 5-105　水资源模拟与配置计算完成提示

单击模型校验/水资源配置，进入水资源配置校验窗口，如图 5-106 所示。

图 5-106 水资源配置校验窗口

分别导入单元供水量、行业供水量实测数据文件，单击对比分析按钮，进行模型调参校验，如图 5-107、图 5-108 所示。

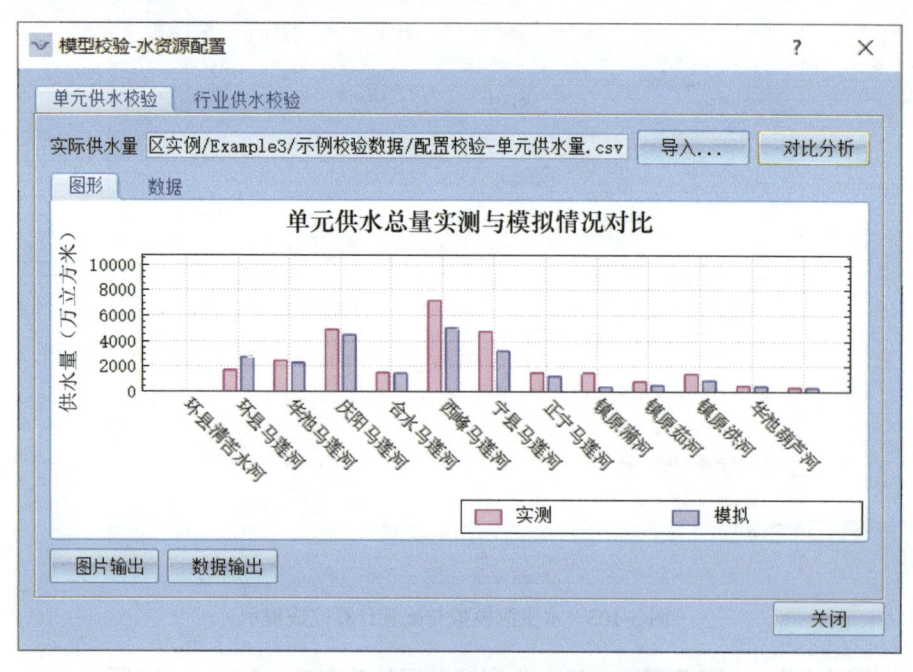

图5-107 水资源配置单元供水校验结果

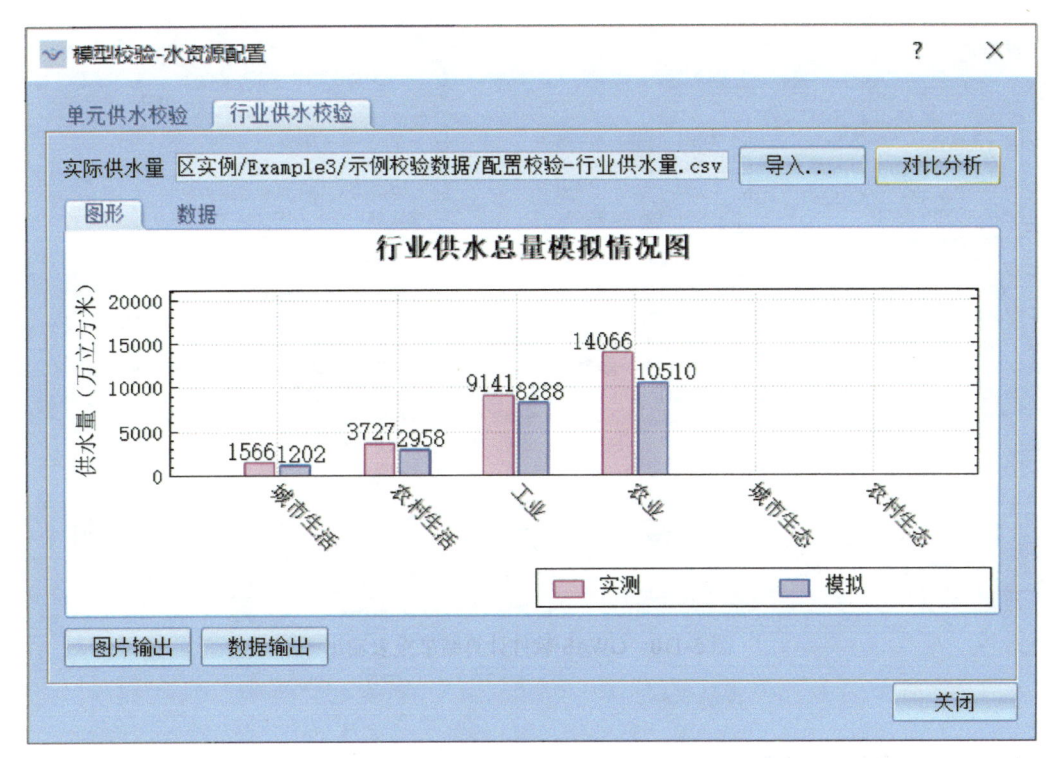

图 5-108 水资源配置行业供水校验结果

5.9 报表输出

单击主工具栏中报表输出按钮，如图 5-109 所示。

图 5-109 报表输出

随后，弹出报表输出对话框，如图 5-110 所示。勾选需要导出的表格并选择其保存位置，单击确定按钮将其导出。

图 5-110　GWAS 软件计算结果报表输出

5.10　专题分析

GWAS 软件采用数据挖掘技术，结合国家水资源评价要求，提供了 4 种类型的专题分析决策支持，分别为水资源量分析、供用水配置分析、开发利用情况、水资源承载力，如图 5-111 所示。

图 5-111　专题分析选择

5.10.1　水资源量分析

单击专题分析／水资源量分析，选择模型结果导入，GWAS 软件自动产生不同统计口径的水资源量评估结果（可实现分流域统计、分行政级别统计），如图 5-112 所示。

在水资源量评估专题分析窗口中，单击评估分析，可自动生成相应的水资源量评估分析报告，如图 5-113 所示。

图 5-112　水资源量评估专题分析窗口

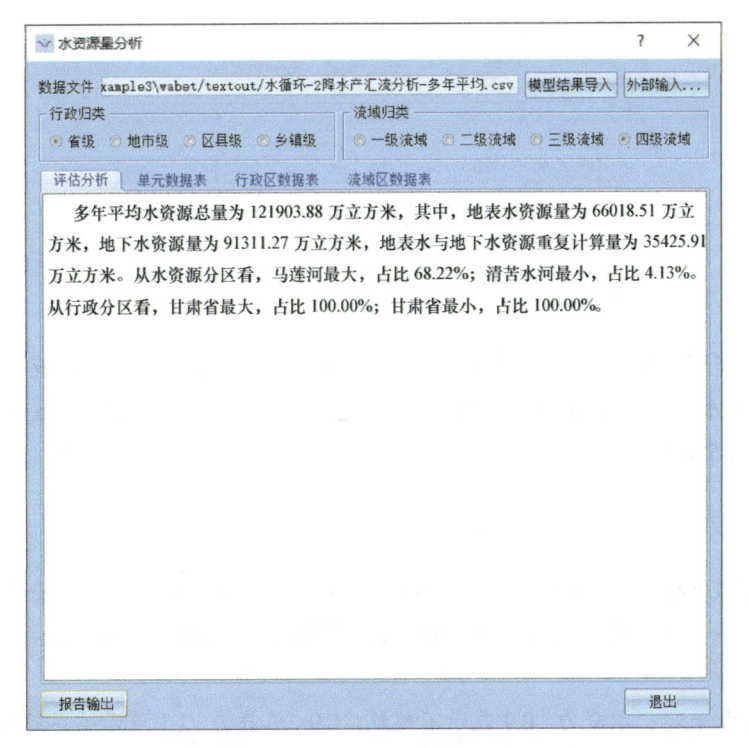

图 5-113　水资源量评估分析报告

5.10.2 水资源供用水配置分析

单击供用水配置，选择模型结果导入，GWAS 软件自动产生不同统计口径的水源供水、行业供水数据结果（可实现分流域统计、分行政级别统计），如图 5-114 所示。

图 5-114　水资源供用水配置专题分析窗口

5.10.3 水资源开发利用情况分析

单击开发利用情况，选择模型结果导入，GWAS 软件自动产生不同统计口径的水资源（地表水、地下水、总水资源量）开发利用情况分析结果（可实现分流域统计、分行政级别统计），如图 5-115 所示。

5.10.4 水资源承载力分析

单击水资源承载力，选择模型结果导入，GWAS 软件自动产生不同统计口径的水资源承载力分析结果（可实现分流域统计、分行政级别统计），如图 5-116 所示。

提示：

（1）承载力含义：承载力 <0.9 表示不超载，0.9< 承载力 <1.1 表示临界超载，承载力 >1.1 表示超载；

（2）生态水量系数：水资源总量留给生态水量的比例。

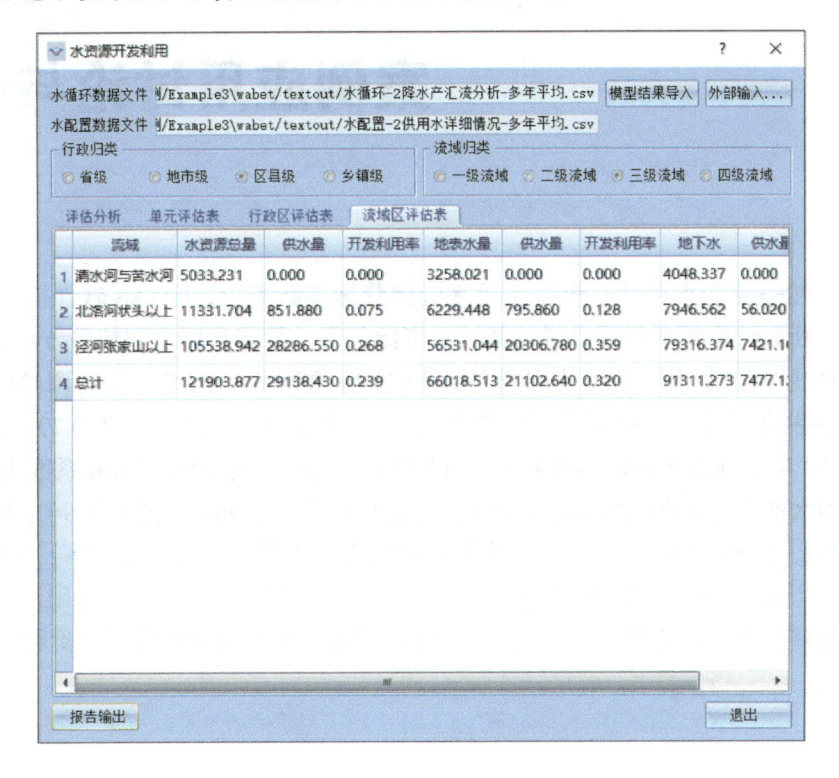

图 5-115　水资源开发利用情况专题分析窗口

图 5-116　水资源承载力专题分析窗口

第 6 章
案例应用讨论与分析

针对自然—社会水循环系统特点及水资源管理实践需求，GWAS 软件提供一种断面流量过程、断面特征频率径流总量、区域水资源配置总量多指标模型校验方法，并以第 5 章的实例开展 WAS 模型构建与应用。在雨落坪站水文断面，WAS 模型在调参期（1967—1985 年）观测年径流与模拟径流量的相关系数 R^2 为 0.89，Nash 系数为 0.79；在校验期（1986—2000 年）观测年径流与模拟径流量的相关系数 R^2 为 0.88，Nash 系数为 0.76；区域多年平均水资源总量模拟结果与实测误差为 5.1%，25%、50%、75% 和 90% 频率年误差分别为 5.0%、1.1%、5.9% 和 4.2%；庆阳市水资源配置总量误差为 0.52%。在此基础上，WAS 模型提出庆阳市各水资源分区和行政分区的水资源配置方案，以及庆阳市自然—人工水资源循环转化图，结果表明本书建立的庆阳市 WAS 模型符合水资源评价和水资源管理的精度要求。

6.1 研究区情况与模型构建

庆阳市总面积为 2.71 万平方千米，辖西峰、庆城、镇原、宁县、正宁、合水、华池、环县 8 个县（区），2015 年常住人口为 223 万人，境内的主要河流包括马莲河、蒲河、洪河、清苦水河、葫芦河等（见图 6-1）。除清苦水河外，庆阳市的河流基本从西北流向东南，各主要河流均呈现基流小、洪水大特点；庆阳市还建设了巴家咀水库、庵里水库及沿黄淀引黄等 31 座供水工程。

6.1.1 模型构建

针对庆阳市的河网水系、水利工程特点和区域单元行业用水等实际情况，基于 WAS 模型原理与方法，构建庆阳市 GWAS 模型工区。模型单元采用行政分区套水资源四级区进行，划分出 13 个基本单元。由于庆阳市各基本单元为黄土高原，区内 DEM 变化平缓，单元内区域间产流变异不显著，故基本单元内部不再进行 DEM 高程分割，得到 13 个 WAS 模型计算单元，单元空间分布及其编码如图 6-1 所示。在计算单元内部，土壤类型基本上为黏质土，土地利用类型概化为 14 种（见图 6-2）。在计算单元基础上叠加土壤类型、土地利用类型，最后划分出 141 个水文计算单元，基本单元与水文计算单元对应关系如表 6-1 所示。另外，根据庆阳市水利建设与供用水实际情况，31 处水库与引调水工程及其分布如图 6-3 所示，水资源供用水系统网络如图 6-4 所示。

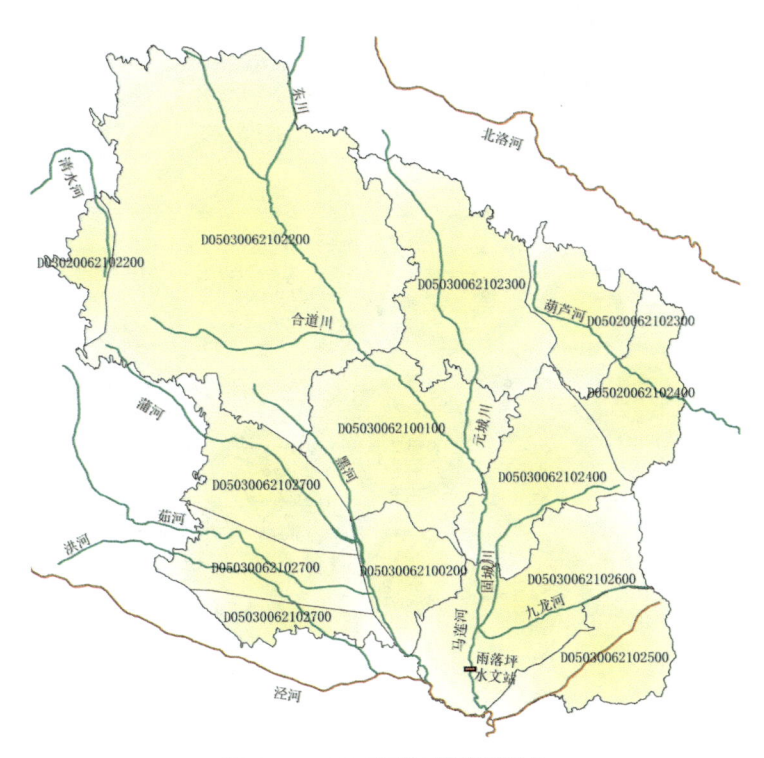

图 6-1 WAS 模型计算单元划分

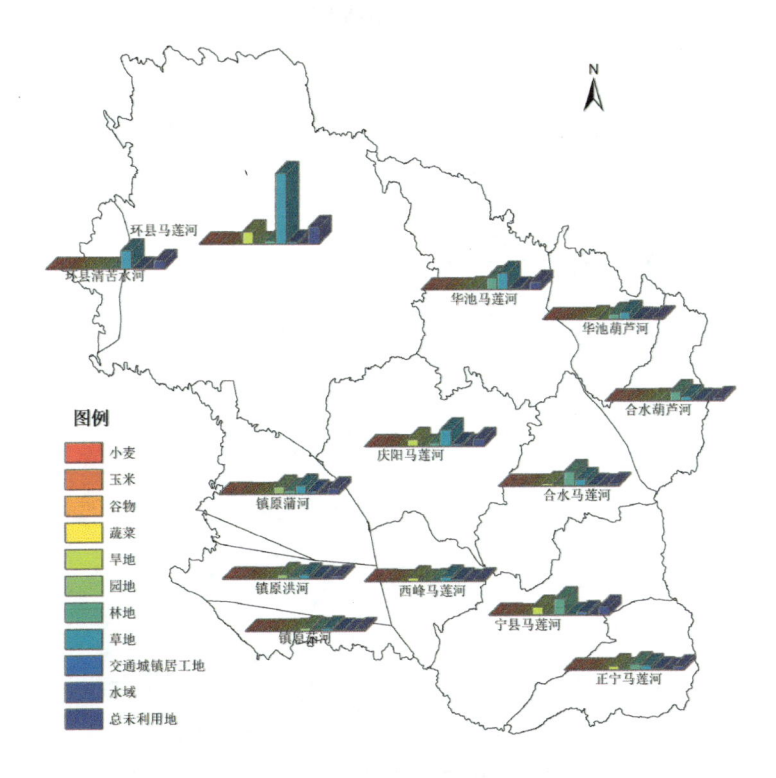

图 6-2 土地利用类型分布

图 6-3　水库与引调水工程分布

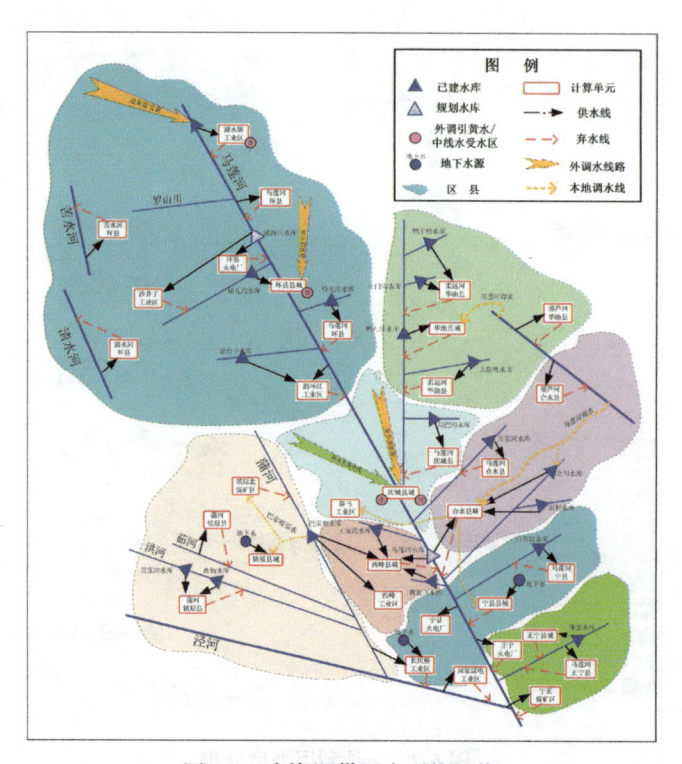

图 6-4　水资源供用水系统网络

表 6-1 WAS 模型基本单元与水文计算单位对应关系

计算单元 ID		水文计算单元 ID									
		小麦	玉米	谷物	蔬菜	旱地	园地	林地	草地	居工地	水域	总未利用地
D030200621022	环县清苦水河	H001	H002	H003	—	H004	H005	H006	H007	H008	—	H009
D050303621022	环县马莲河	H010	H011	H012	H013	H014	H015	H016	H017	H018	H019	H020
D050303621023	华池马莲河	H021	H022	H023	H024	H025	H026	H027	H028	H029	H030	H031
D050303621001	庆阳马莲河	H032	H033	H034	H035	H036	H037	H038	H039	H040	H041	H042
D050303621024	合水马莲河	H043	H044	H045	H046	H047	H048	H049	H050	H051	H052	H053
D050303621002	西峰马莲河	H054	H055	H056	H057	H058	H059	H060	H061	H062	H063	H064
D050303621026	宁县马莲河	H065	H066	H067	H068	H069	H070	H071	H072	H073	H074	H075
D050303621025	正宁马莲河	H076	H077	H078	H079	H080	H081	H082	H083	H084	H085	H086
D050304621027	镇原蒲河	H087	H088	H089	H090	H091	H092	H093	H094	H095	H096	H097
D050302621027	镇原茹河	H098	H099	H100	H101	H102	H103	H104	H105	H106	H107	H108
D050301621027	镇原洪河	H109	H110	H111	H112	H113	H114	H115	H116	H117	H118	H119
D050200621023	华池葫芦河	H120	H121	H122	H123	H124	H125	H126	H127	H128	H129	H130
D050200621024	合水葫芦河	H131	H132	H133	H134	H135	H136	H137	H138	H139	H140	H141

6.1.2 模型资料输入

1. 降水、蒸发资料

降水资料采用庆阳市内及邻近 40 个国家气象站的逐日降雨资料，时间长度为 1966—2000 年。根据 40 个气象站的降水数据，运用泰森多边形法进行空间插值，得到 13 个计算单元逐日面降水量数据，统计得到庆阳市多年平均降水量为 468.1 毫米，折合水量为 129.3 亿立方米。

由于降水时间较分散，会出现日降水而无产流的现象，并且对于降水较少而蒸发较大的北方干旱地区，这种情况更是普遍存在的。因此，需要进行日有效降水分析处理，这对于月水文模型非常重要。

本案例根据庆阳市的实际情况，参考北方降水产流特点，对日降水进行判别处理，采用的式（6.1），得到日有效降水量，进而得到 13 个计算单元的月有效降水量。

$$P_{dy} = P_{d0} \times \alpha_{df} \quad (6.1)$$

式中，P_{dy} 为日有效降水量（单位：毫米），P_{d0} 为日实际降水量（单位：毫米），α_{df} 为不同日降水强度产水修正系数。

根据区域降水资料和水文断面流量对比分析发现，当日降水量<10 毫米时，基本上不产

流；当 10 毫米≤日降水量≤80 毫米时，降水与产流表现为指数关系。拟合公式为

$$\alpha_{df} = \begin{cases} 0 & P_{d0} < 10 \\ 0.42\ln P_{d0} & 10 \leqslant P_{d0} \leqslant 80 \\ 1 & P_{d0} > 80 \end{cases} \quad (6.2)$$

蒸发资料采用庆阳环县、庆阳西峰和周边陕西长武3个国家气象站的资料（1966—2000 年），采用泰森多边形法得到 13 个计算单元的面蒸发能力，庆阳市多年平均蒸发量为 987.6 毫米。

2. 经济、社会用水资料

根据 1980—2000 年《甘肃省水资源公报》、庆阳市 1984 年第二次水资源评价成果等资料，庆阳市 1980—2000 年平均用水量为 2.30 亿立方米，其中，农田灌溉用水量为 1.33 亿立方米，工业用水量为 0.46 亿立方米，城镇生活用水量为 0.11 亿立方米，农村生活用水量为 0.37 亿立方米，三产用水量为 0.03 亿立方米。年际数据变化显示，2000 年前庆阳市经济发展缓慢，产业结构比较稳定，农业用水量占总用水量的 58%，总用水量波动主要受农业用水量影响。

6.2 模型参数率定与验证

6.2.1 模型参数

1. 水文模型参数

流域水循环过程按照四水转化特点，一般可分为蒸散发、地表径流、壤中流、地下径流 4 个层次。第 1 个层次蒸散发过程比较稳定，主要受气候因素和下垫面植被类型影响，对总径流有影响，但对径流过程变化影响较弱；第 2～4 个层次决定流域径流过程的时空分布及变化，流量对其变化十分敏感。

根据 WAS 模型原理及公式，下面列出 WAS 模型水资源循环模块的敏感参数。

（1）蒸散发：K_{es}（单元截留蒸发调节系数），K_{el}（单元土壤蒸发调节系数，受植被类型影响），K_{ek}（浅层水蒸发调节系数）。

（2）地表产流：F_s（土壤最大下渗能力），U_s（土壤饱和含水度）。

（3）壤中流：α_{ss}（土壤壤中流的出流系数），α_{sx}（土壤对浅层地下水的补给系数）。

（4）地下径流：α_{xk}（浅层地下径流系数），α_{xm}（深层地下径流系数），β（浅层补给深层水系数）。

2. 调配模型参数

经济、社会用水按照用水过程一般可分为供用水、耗水、排水 3 个层次。第 1 个层次供用水主要受行业性质及渠道特征因素影响，其中，农业主要与气候因素、作物类型有关，其他行业则是一个比较稳定的过程。第 2 个层次耗水则与行业性质有关，不同产品生

产特性、行业用水过程具有不同的耗水曲线，对耗水量影响十分敏感。第 3 个层次排水考虑行业特点，农村生活用水及城市生态用水基本全部耗掉，农业退水则参与水循环模拟过程，城市生活用水和工业排水受污水收集率、处理率、回用率等指标影响。

根据 WAS 模型原理及公式，下面列出了 WAS 模型水资源配置模块的敏感参数。

（1）供用水：S_{hp}（水源行业分水比），H_{qz}（行业权重系数）。

（2）耗水：E_{tl}（生活蒸发系数），E_{indu}（工业蒸发系数）。

（3）排水：K_{rewq}（污水收集系数），K_{rewd}（污水处理系数）。

6.2.2 模型调参方法

在本案例中，WAS 模型模拟期为 1966—2000 年，1966 年为模型预热期，1967—1985 年为模型参数率定期，1986—2000 年为模型验证期。模型验证采用断面流量过程、断面特征频率径流总量、区域水资源配置总量等多个指标进行验证，具体结果如下。

1. 模拟效果的性能指标

（1）断面流量过程。

采用相关系数 R^2、Nash 系数作为 WAS 模型河道断面流量过程模拟的性能指标。在通常情况下：相关系数 R^2 为 0.8～1.0 说明有极强相关，R^2 为 0.6～0.8 说明有强相关，R^2 为 0.4～0.6 说明有中等程度相关，R^2 为 0.2～0.4 说明有弱相关，R^2 为 0～0.2 说明有极弱相关或无相关；Nash 系数为 0～1，其值越大表示实测流量过程与模拟流量过程拟合得越好，模拟精度越高。

（2）断面特征频率径流总量。

$$Q_{pobj} = \sum_{i=1}^{n} |y_i - x_i| / \sum_{t=1}^{n} (y_i) \tag{6.3}$$

式中，Q_{pobj} 为水文模拟断面特征频率（多年平均、典型频率年）径流总量的误差率，反映了模型对水资源评价工作的实用性。

（3）区域水资源配置总量。

$$Q_{sobj} = \sum_{u=1}^{m} |q_{xu} - q_{yu}| / \sum_{u=1}^{m} (q_{xu}) \tag{6.4}$$

式中，Q_{sobj} 为水资源配置的区域单元或行业总量误差率，反映了模型对水资源配置的合理性；m 为区域单元或行业的样本数；q_{xu}、q_{yu} 为区域单元或行业实际的用水总量和模拟的用水总量。

2. 模型调参与验证步骤

考虑庆阳市水资源循环变化和社会历史取用水实际情况，本案例在水资源配置部分采用基于规则的配置方法，以水源供水分配比例系数为主调配水量。这种方法可以有效控制参数，并可以验证水资源配置对现实的刻画能力，模型调参与验证步骤如下。

（1）假定参数初值，模型参数率定期和验证期水资源配置部分采用基于规则的配置方法；

（2）比较模型参数率定期1967—1985年的模拟径流过程与实测径流过程，采用断面流量过程、断面特征频率径流总量、区域水资源配置总量等指标进行验证；

（3）采用上述目标函数，分析模型参数率定期和验证期的模拟情况；

（4）开展模型模拟结果与实测数据的对比和误差分析，检验模型模拟效果。

3. 模型验证

选择雨落坪水文站所在位置为模型验证断面（位置如图6-1所示），雨落坪水文站断面控制面积为19027.4平方千米，占庆阳市面积的70%，基本反映了庆阳市的径流情况；模型参数率定采用客观优选方法，即先基流，再洪峰，最后总量的过程进行参数率定。

（1）断面流量过程分析。

经过模型参数的迭代调整，WAS模型模拟径流过程与实测径流过程对比如图6-5所示，参数率定期和验证期的模拟性能指标如表6-2所示。在参数率定期（1967—1985年），模拟径流与实测径流的相关系数为0.89，Nash系数为0.79；在验证期（1986—2000年），模拟径流与实测径流的相关系数为0.88，Nash系数为0.76。由此可以看出，WAS模型的模拟精度还是非常高的。

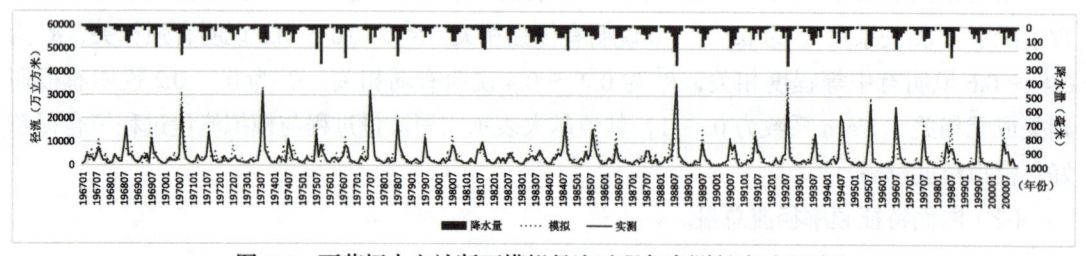

图6-5 雨落坪水文站断面模拟径流过程与实测径流过程对比

表6-2 模型断面流量过程模拟性能指标

	相关系数 R^2	Nash系数
参数率定期（1967—1985年）	0.89	0.79
验证期（1986—2000年）	0.88	0.76

（2）断面特征频率径流总量分析。

模型多年平均和25%、50%、75%、90%典型频率年对应的径流误差如表6-3所示，其中，多年平均模拟径流总量与实测径流总量的误差为4.1%，25%、50%、75%、90%典型频率年模拟径流总量与实测径流总量的误差分别为5.0%、1.1%、5.9%、4.2%，这表明WAS模型结果较好，可以满足水资源评价要求。

表6-3 断面特征频率径流总量分析

	多年平均	25%	50%	75%	90%
实测径流（万立方米）	44436	67249	48798	45237	29830
模拟径流（万立方米）	46247	63858	49331	42558	31091
误差率（%）	4.1	5.0	1.1	5.9	4.2

（3）区域水资源配置总量分析。

从区域供水来看，2010年实际供水量为2.85亿立方米，配置供水总量为2.83亿立方米，庆阳市水资源配置总量误差为0.52%。从区域各单元供水总量来看，水资源配置总量误差最大的是西峰，误差率为9.3%；误差最小的为环县，误差率为0.2%（见图6-6）。从行业供水总量来看，生活、工业、农业等行业的配置结果与现状各行业供水总量基本一致，平均误差率在2%以内（见图6-7）。如果用各区、县的配置水量和实际用水量数据进行相关性分析，其相关系数达到0.99，表明WAS模型结果较好，可以满足水资源管理要求。

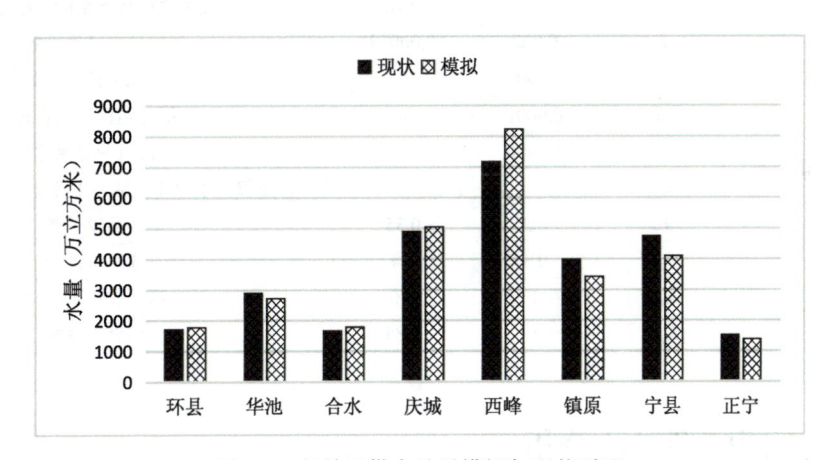

图6-6 各单元供水总量模拟与现状对比

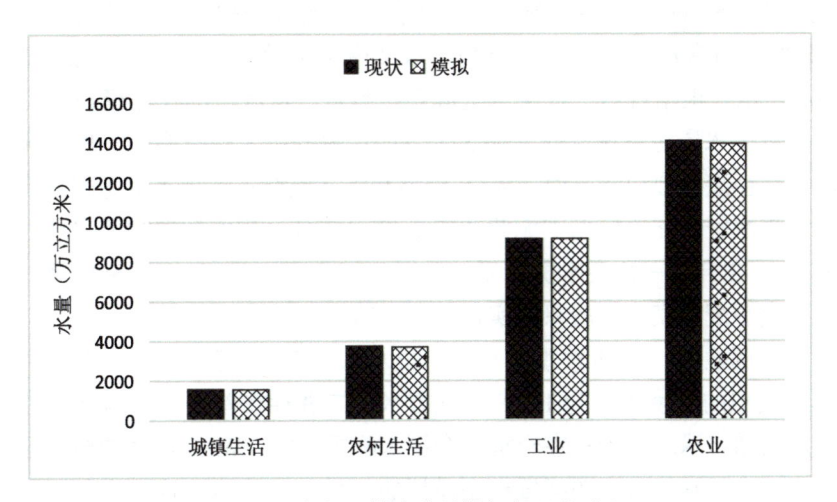

图6-7 各行业供水总量模拟与现状对比

4．模型重要参数阈值

通过上述过程和分析，确定模型的重要参数阈值，参数的初始值和最终值如表6-4所示。

表 6-4 模型重要参数阈值

类别		参数名	初始值	最终值	参数说明
水循环模型参数	蒸散发	K_{cs}	0.12	0.12～0.15	单元截留蒸发调节系数，受单元下垫面特征影响
		K_{el}	1.3	1.1～1.8	单元土壤蒸发调节系数，受植被类型影响
		K_{ck}	0.03	0.02	浅层水蒸发调节系数
	地表产流	F_s	30	50	土壤最大下渗能力
		U_s	0.1	0.1	土壤饱和含水度
	壤中流	α_{ss}	0.6	0.8	土壤壤中流的出流系数
		α_{sx}	0.2	0.18	土壤对浅层地下水的补给系数
	地下径流	α_{xk}	0.002	0.00018	浅层地下径流系数
		α_{xm}	0.0001	0	深层地下径流系数
		β	0.0001	0	浅层补给深层水系数
配置模型参数	供用水	S_{hp}	0～1	0～1	水源行业分水比
		H_{qz}	1:1:1:1	1:1:0.1:0	行业权重系数（生活：工业：农业：生态）
	耗水	E_{tl}	0.3	0.35	生活蒸发系数
		E_{indu}	0.3	0.4	工业蒸发系数
	排水	K_{rewq}	1	0.6	污水收集系数
		K_{rewd}	1	0.85	污水处理系数

6.3 不同模型对比分析

为了进一步检验 WAS 模型自然—社会水资源动态互馈模拟与调控的效果，本案例还开展了 WAS 模型与常规水资源配置模型、水文模型 + 常规水资源配置模型的对比分析，具体如表 6-5 所示。根据自然—社会水资源系统特点，从区域的径流模拟、经济社会用水配置、自然—社会水资源系统实时互馈 3 个方面比较分析 3 种模型的实现情况。从对比结果可以看出，在径流模拟功能方面，WAS 模型和水文模型 + 常规水资源配置模型都能较好地实现，而常规水资源配置模型则无此功能；在经济社会用水配置功能实现方面，这 3 种模型都能实现；在自然—社会水资源系统实时互馈方面，只有 WAS 模型可以实现，水文模型 + 常规水资源配置模型一般只能实现单向反馈。

庆阳市的案例显示，WAS 模型模拟的出境水量为 11.19 亿立方米，水文模型 + 常规水资源配置模型模拟的出境水量为 10.88 亿立方米，二者存在差异的原因是后者缺少经济社会用水配置后的动态退水功能；在经济社会用水配置方面，WAS 模型的模拟配置用水量为 2.83 亿立方米，大于常规水资源配置模型模拟的 2.42 亿立方米，这是由于区域上游的动态退水加入模型计算，增加了部分供水，这种现象也和黄河流域上、下游重复用水实际情况契合；在自然—社会水资源系统实时互馈方面，WAS 模型计算得到，在自然水循环与经济社会水循环的动态演变过程中，其互馈量为 0.57 亿立方米。

WAS 模型模拟结果进一步表明，在自然—社会水资源复杂系统中，系统单元之间不仅表现为单元内部的动态互馈联系，也表现为整个水资源系统上、下游单元的动态互馈联系，尤其是在上、下游串联单元多的大流域，这种动态互馈特征更加明显。

表 6-5 不同模型模拟结果对比分析

模型	功能			庆阳市案例（亿立方米）		
	径流模拟	经济社会用水配置	自然—社会水资源系统实时互馈	出境水量	经济社会用水配置	自然—社会水资源系统实时互馈量
WAS 模型	有	有	有	11.19	2.83	0.57
常规水资源配置模型	无	有	无	无	2.42	无
水文模型＋常规水资源配置模型	有	有	无	10.88	2.42	无

在经济社会取用水方面，庆阳市 2010 年总供水量为 2.84 亿立方米，其中，地表水供水量为 2.14 亿立方米，地下水供水量为 0.64 亿立方米，其他水源供水量为 559 万立方米；多年平均控制总用水量为 2.83 亿立方米，其中，城镇生活、农村生活、工业、农业的用水量分别为 0.22 亿立方米、0.37 亿立方米、0.91 亿立方米、1.39 亿立方米，各区、县的供水、耗水、排水控制情况如表 6-6 所示；各四级水资源流域的供水、耗水、排水控制情况如表 6-7 所示。

表 6-6 2010 年庆阳市各区、县水资源供水、耗水、排水控制方案　　单位：万立方米

行政区 ID		621022	621023	621024	621001	621002	621027	621026	621025
行政区	庆阳市	环县	华池	合水	庆城	西峰	镇原	宁县	正宁
供水量	28412.1	1785.2	2709.7	1769.1	4991.9	8216.1	3455.4	4113.7	1371.1
耗水量	21144.0	1374.0	1593.3	1491.0	2898.6	6397.0	2881.7	3389.6	1118.8
排水量	7268.0	411.2	1116.3	278.1	2093.3	1819.2	573.7	724.1	252.2

表 6-7 2010 年庆阳市各四级流域水资源供水、耗水、排水控制方案　　单位：万立方米

流域分区 ID		D030200	D050303	D050304	D050302	D050301	D050200
流域	合计	清苦水河流域	马莲河流域	蒲河流域	茹河流域	洪河流域	葫芦河流域
供水量	28412.1	78.0	23372.5	1394.0	1039.5	1021.9	1506.2
耗水量	21144.0	76.7	17658.4	1080.9	799.3	1001.5	527.2
排水量	7268.2	1.3	5714.2	313.1	240.2	20.4	979.0

在区域水平衡方面，上游入境水量为 4.5 亿立方米，盐环定扬黄调水量为 0.6 亿立方米；庆阳市平均总降水量为 468 毫米；地表水资源量为 8.2 亿立方米，地表地下水重复量为 2.2 亿立方米，庆阳市水资源总量为 8.2 亿立方米；考虑入境水量与外调水量，区域总入境水量为 13.3 亿立方米。区域经济社会总供用水量为 2.83 亿立方米，其中，城市生活用水量为 0.16 亿立方米，农村生活用水量为 0.37 亿立方米，工业用水量为 0.91 亿立方米，农业用水量为 1.39 亿立方米；总耗水量为 2.14 亿立方米，总排水量为 0.69 亿立方米；总出境水量为 11.16 亿立方米。庆阳市自然—人工水资源循环转化关系如图 6-8 所示。

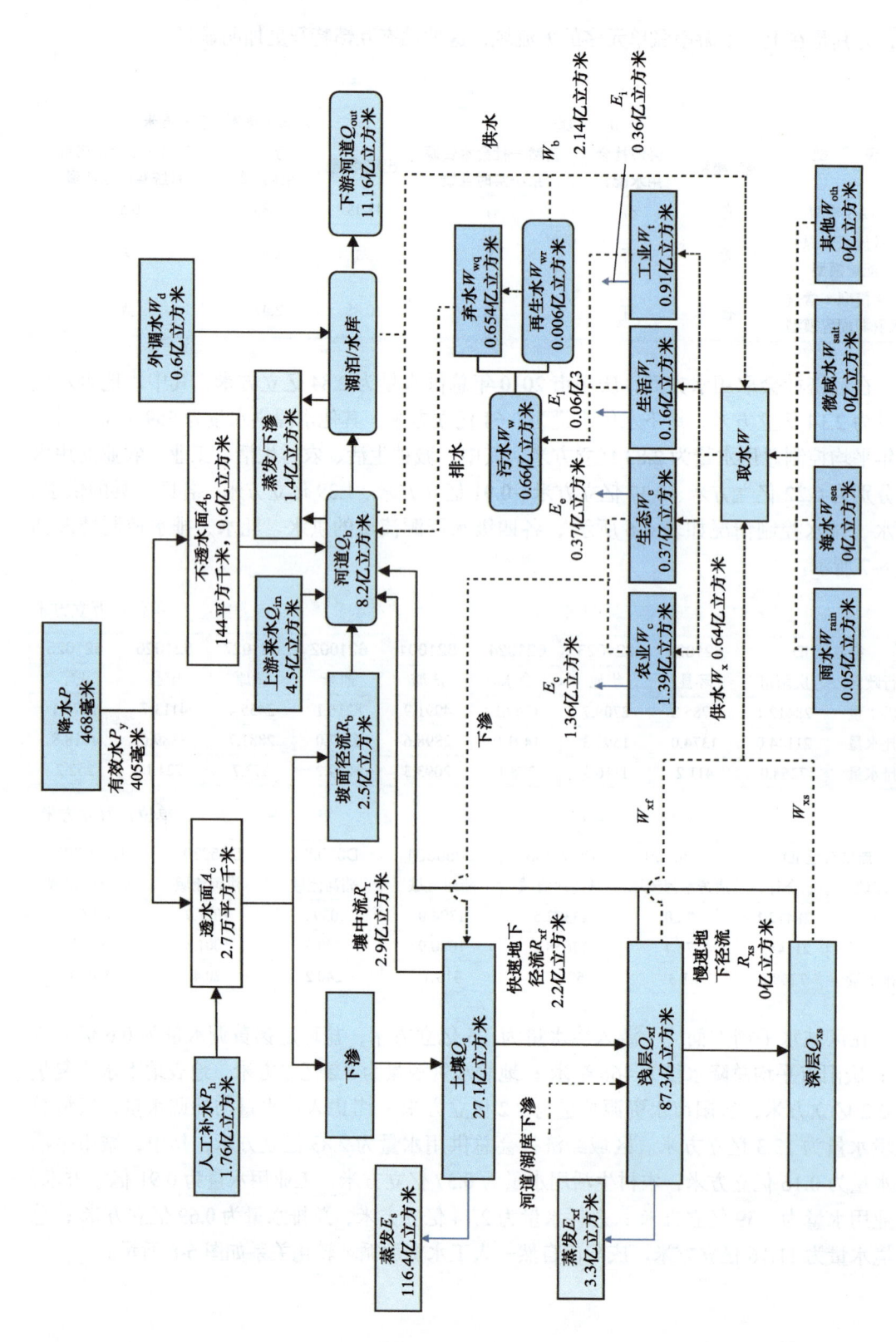

图 6-8 庆阳市自然—人工水资源循环转化关系

参考文献

[1] Bergstrom S. Development of a conceptual deterministic rainfall-runoff model [J]. Nodic hydrology, 1973, 4: 147-170.

[2] Beven K J, Kirkby M J. A physically based variable contributing area model of basin hydrology[J]. Hydrological Science Bulletin, 1979, 24(1): 43 - 69.

[3] Chen, Z., Wei, S. Application of system dynamics to water security research[J]. Water Resources Management, 2014, 28(2): 287-300.

[4] DHI Water & Environment. MIKE BASIN 2003: A Versatile Decision Support Tool for Integrated Water Resources Management Planning [EB/OL]. 2004. http://www.dhigroup.com/Software/Water Resources/MIKEBA-SIN/References.

[5] Hoekema, D. J., Sridhar, V. A system dynamics model for conjunctive management of water resources in the Snake River Basin[J]. Journal of the American Water Resources Association, 2013, 49(6): 1327-1350.

[6] Jakeman, A J, Littlewood, I G, Whitehead, P G. Computation of the instantaneous unit hydrograph and identifiable component flows with application to two small upland catchments[J]. Journal of Hydrology, 1990, 117, 275-300.

[7] Liang X, LettenmaierD P, Wood E F, et al. A sinplehydrologically based model of land-surface water and energy fluxes for general circulation models [J]. J Geophys Res, 1994, 99(D7): 14415-14 428.

[8] Mishra S K, Singh V P. Long-term hydrological simulation based on the Soil Conservation Service curve number [J]. Hydrological Processes, 2004, 18, 1291-1313.

[9] Zhou, Y., Guo, S., Xu, C-Y., Liu, D., Chen, L., Ye, Y. Integrated optimal allocation model for complex adaptive system of water resources management (I): Methodologies[J]. Journal of Hydrology, doi:http://dx.doi.org/10.1016/j.jhydrol.2015.10.007.

[10] 黄小祥, 姚成, 李致家, 等. 栅格新安江模型在天津于桥水库流域上游的应用 [J]. 湖泊科学, 2016, 28(5):1134-1140.

[11] 贾仰文, 王浩, 周祖昊, 等. 海河流域二元水循环模型开发及其应用——I. 模型开发与验证 [J]. 水科学进展, 2010, 21(1):1-8.

[12] 雷晓辉, 贾仰文, 蒋云钟, 等. WEP 模型参数自动优化及在汉江流域上游的应用 [J]. 水利学报, 2009, 40(12):75-82.

[13] 雷晓辉, 王旭, 蒋云钟, 王浩. 通用水资源调配模型 WROOM Ⅰ：理论 [J]. 水利学报, 2012, 43(02):225-231.

[14] 倪红珍, 王浩, 汪党献. 经济社会与生态环境竞争用水的水价研究 [J]. 水资源保护, 2008, 24(3):73-76.

[15] 秦大庸, 陆垂裕, 刘家宏, 等. 流域"自然—社会"二元水循环理论框架 [J]. 科学通报, 2014(z1): 419-427.

[16] 桑学锋, 王浩, 王建华, 等. 水资源综合模拟与调配模型 WAS：模型原理与构建 [J]. 水利学报, 2019, 20(2):1-8.

[17] 桑学锋, 赵勇, 翟正丽, 等. 水资源综合模拟与调配模型 WAS（Ⅱ）：应用 [J]. 水利学报, 2019, 50(2):201-208

[18] 史晓亮，李颖，杨志勇. 基于 SWAT 模型的诺敏河流域径流对土地利用/覆被变化的响应模拟研究 [J]. 水资源与水工程学报，2016，27(1):65-69.
[19] 宋晓猛，张建云，占车生，王小军，刘翠善. 水文模型参数敏感性分析方法评述 [J]. 水利水电科技进展，2015，35(06):105-112.
[20] 田雨，雷晓辉，蒋云钟，李薇. 水文模型参数敏感性分析方法研究评述 [J]. 水文，2010，30(04):9-12, 62.
[21] 王浩，秦大庸，王建华. 流域水资源规划的系统观与方法论 [J]. 水利学报，2002，08:1-6
[22] 王佩兰，赵人俊. 新安江模型（三水源）参数的客观优选方法 [J]. 河海大学学报，1989(04):65-69.
[23] 张文华，郭生练. 流域降雨径流理论与方法 [M]. 武汉：湖北科学技术出版社，2008
[24] 张智全. 庆阳市生态承载力与生态环境评价研究 [D]. 兰州：甘肃农业大学，2010.
[25] 赵人俊，王佩兰. 新安江模型参数的分析 [J]. 水文，1988，06:2-9.
[26] 赵勇，陆垂裕，肖伟华. 广义水资源合理配置研究（Ⅱ）——模型 [J]. 水利学报，2007，38(2):163-170.